智能电能表

软件检测技术

主　编：杜蜀薇

副主编：陈　梅　杜新纲　徐英辉　翟　峰

参　编：刘　鹰　孔令达　吕英杰　梁晓兵　赵　兵
周　晖　彭楚宁　王　齐　孙　炜　李保丰
曹永峰　付义伦　冯占成　岑　炜　周　琪
雷　民　郜　波　林繁涛　周　峰　刘　宣
郑安刚　姜洪浪　许　斌　刘书勇　徐　萌
冯　云　孟　静　潘卫虹　颜博艺

CHINA ELECTRIC POWER PRESS

内容提要

智能电能表是电力公司为客户提供优质服务中至关重要的设备。智能电能表内含嵌入式软件的智能物联设备，其软件产品质量应重点关注，本书依托智能电能表软件检测平台（SRTS），可以用间接手段观察智能电能表运行状态、进行在线调试及工况仿真。

本书介绍了智能电能表的基本概念、嵌入式软件质量模型及软件测试技术、智能电能表软件可靠性相关标准解读、MCU 核心板设计指南、Argus 中文脚本编程语言、SRTS 使用指南、实际使用案例和科学建模方法在软件测试中的应用等多方面理论和工程知识，分享了项目组多年来在电能计量工作中的研究成果。

本书可作为高等院校计算机、物联网、自动化、信息安全相关专业的教学参考书，也可作为电力计量从业人员、嵌入式软件设计、软件测试和从事物联网产业的工程技术人员的参考资料。

图书在版编目（CIP）数据

智能电能表软件检测技术 / 杜蜀薇主编．—北京：中国电力出版社，2019.11
ISBN 978-7-5198-4004-4

Ⅰ．①智… Ⅱ．①杜… Ⅲ．①智能电度表—软件—检测 Ⅳ．① TM933.4

中国版本图书馆 CIP 数据核字（2019）第 248734 号

出版发行：中国电力出版社
地　　址：北京市东城区北京站西街 19 号（邮政编码 100005）
网　　址：http：//www.cepp.sgcc.com.cn
责任编辑：崔素媛（010-63412392）
责任校对：黄　蓓　李　楠
装帧设计：郝晓燕
责任印制：杨晓东

印　刷：北京天宇星印刷厂
版　次：2019 年 12 月第一版
印　次：2019 年 12 月北京第一次印刷
开　本：880 毫米 ×1230 毫米　32 开本
印　张：6.5
字　数：170 千字
印　数：0001—2000 册
定　价：35.00 元

目录

第 1 章　智能电能表的基本概念

1.1　电能表的发展简史

电力的发明和应用掀起了第二次工业化浪潮。发电、输电、变电、配电和用电组成了庞大的电力生产、传输和消费系统。电能表是电力传输的末端节点，联系着电能提供者和消费者。

1880 年以来，随着电力开始商用化，电能表用于精确计量电能以维护电费的交易，取代了传统的每家每户按灯泡数量结算电费的方式，为供用电双方提供了便利。

1881 年，托马斯·爱迪生发明了第一台直流电能表。其基本原理是电解释放的物质总和与通过的电流成正比（法拉第电解定律），这款电能表通过称量电解沉淀物来间接测量电能量。每隔一段时间，由工人取下称重盘，然后顾客根据质量结算电费。

与此同时，在英国还有与之相类似的“Reason”电能表，在电能表内嵌有一个垂直柱形水银存储器，当用户购买的电能即将用完时，水银柱落到刻度计最底端，同时电能表开路。电能供应商收取电费后，将水银柱反转，恢复供电。

1888 年，交流电的发现和使用，对电能计量提出了新的要求，交流电能表应运而生。

1889 年，世界第一款交流电能表“Bl á thy”样品在法兰克福博览会出现，同年底，“Bl á thy”电能表正式量产化。

1890 年，带电流铁心感应式电能表诞生，这种技术模型一直延续到 20 世纪末。

20 世纪 70 年代，出现了感应式脉冲电能表，它由光电传感器完成电能 - 脉冲的转换，然后经过数字电路对电能进行处理，这种电能表也称为脉冲式电能表。

20 世纪 80 年代，随着电子技术的快速发展，日本首先研制出了全部采用电子元器件组成的电能表。这里电能表没有转动原件，国际电工委员会（International Electro technical Commission，IEC）标准将其定义为静止式电能表，国内也称为电子式电能表。经过几十年的不断发展，静止式电能表在准确度、可靠性等方面不断优化，已经是现代电能表应用的主流。

1.2 智能电网与智能电能表

智能电网（Smart Grid）是将先进的传感量测技术、信息通信技术、分析决策技术和自动控制技术与能源电力技术及电网基础设施高度集成而形成的新型现代电网。传统电网是一个刚性系统，电源的接入与退出、电能量的传输都缺乏弹性，无法构建实时、可配置、可重组的系统。与传统电网相比，智能电网使电网结构扁平化、功能模块化，结合集中与分散的模式，可灵活实现网络变换，智能重组系统架构，优化配置系统能效，提升供电服务质量。

智能电网具有以下特点和驱动力：

（1）基础设施升级，确保电力供应安全性和可靠性，满足经济发展对电能消耗的需求。

（2）响应环境保护，促进节能减排，提高可再生能源接入比例，降低成本和节约能源。

（3）充分利用大数据、云计算、物联网技术促进电网现代化，为用户提供优质的用电和增值服务。

（4）适应电力市场化要求，优化资源配置，提高电力企业管理水平，增强电力企业的竞争力。

高级计量体系（Advanced Metering Infrastructure，AMI）是智能电网重要的一部分，具有采集、测量、存储、分析等功能，由智能电能表、采集终端、通信网络、采集主站等构成。截至 2019 年 6 月，国家电网有限公司已安装智能电能表达 4.7 亿只，每年新增安装需求达 6000 万只。智能电能表应用场景丰富，如用电安全、公平计量、需求侧管理，此外还可以挖掘能源消费结构、能量负荷识别等。

其中，智能电能表是高级计量体系中海量数据的采集点，智能电能表包括但不限于以下功能（以国家电网有限公司智能电能表功能规范为例）：

（1）电能计量：具有正、反向有功电能量和四象限无功电能量计量功能；具有分时计量功能，可对尖、峰、平、谷等时段电能量及总电能量分别进行累积和存储。

（2）需量测量：在约定的时间间隔内，测量单向或双向最大需量、分时段最大需量及出现的日期和时间。

（3）费率和时段：应支持尖、峰、平、谷 4 个费率；全年至少可设置 2 个时区；24h 内至少可设置 8 个时段；时段最小间隔 15min，且应大于智能电能表内设定的需量周期；应支持节假日和公休日特殊费率时段的设置；具有 2 套可任意编程的费率和时段，且可在设定时间点启动另一套费率和时段。

（4）数据存储：至少应能存储 12 个结算日的单向或双向总电能和各费率电能数据；至少应能存储 12 个结算日的单向或双向最大需量、各费率最大需量及其出现的日期和时间数据。

（5）冻结、定时冻结：按照约定的时刻及时间间隔冻结电能量数据；瞬时冻结：在非正常情况下，冻结当前的日历、时间、所有电能量和重要测量的数据；日冻结：存储每天零点的电能量；约定冻结：在新老两套费率和时段转换、阶梯电价转换或电力公司认为有特殊需要时，冻结转换时刻的电能量及其他重要数据；整点冻结：存储整点时刻或半点时刻的有功总电能。

（6）事件记录：应记录事件发生总次数、开始时刻、结束时刻及对应的电能量数据等信息，包括失电压、断相、失电流、掉电、需量清零、校时、过载、开盖、拉合闸等事件。

（7）通信：通信信道物理层必须独立，任意一条通信信道损坏不得影响其他信道正常工作。智能电能表的通信方式包括 RS485、载波、红外、微功率无线等。

（8）显示：智能电能表应具备自动循环和按键两种显示方式；显示电能量、需量、电压、电流、功率、时间、剩余金额等各类数值；显示功率方向、费率、象限、编程状态、象限、电池欠电压、故障（失电压、断相、逆相序）等符号标志；显示代码包括显示内容编码和出错代码；应具有失电后唤醒显示的功能。

（9）费控功能：费控功能的实现分为本地费控和远程费控两种，本地费控方式通过中央处理器（central processing unit，CPU）卡、射频卡等固态介质实现，远程费控方式通过公网、载波等虚拟介质和远程售电系统实现；当剩余金额小于或等于设定的报警金额时，智能电能表应提醒用户；透支金额应实时记录，当透支金额低于设定的门限金额时，智能电能表应发出断电信号，控制负荷开关中断供电；当电能表接收到有效的续缴电费信息后，应首先扣除透支金额，当剩余金额大于设定值（默认为0）时候，方可使智能电能表处于允许合闸状态。

1.3 智能电能表软件

智能电能表内部的嵌入式架构如图1-1所示，整个智能电能表由微控制器（micro controller unit，MCU）、计量芯片、储存芯片、时钟芯片（real time clock，RTC）、安全芯片、通信模块、控制模块和电源模块构成。计量芯片通过电压、电流取样电路实时测量电能量的各项指标。

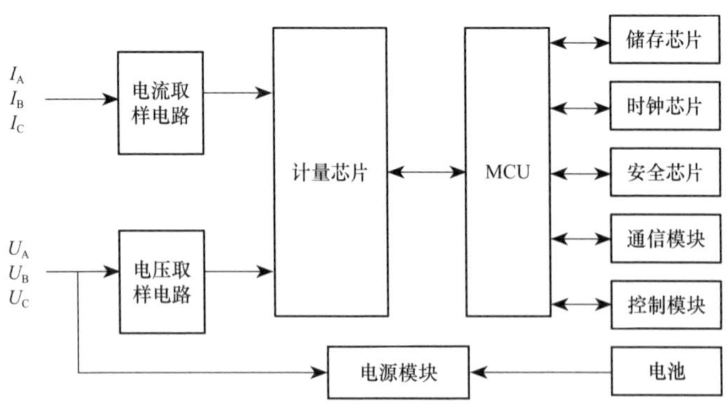

图1-1 智能电能表嵌入式系统结构图

智能电能表软件被灌装在 MCU 里，保证 MCU 与各模块的可靠性交互。通常智能电能表软件应包含如下子模块：

（1）底层驱动模块（初始化模块）：主要实现智能电能表主板底层驱动和链路层接口功能。该模块主要包括 MCU 内核、EERPROM、Flash、时钟芯片、计量芯片、安全芯片和显示芯片等单元的驱动和链路层接口部分设计。

（2）采样模块：主要实现对计量芯片的数据读取、校表，完成对瞬时电压、电流、功率、功率因数、相角等数据项的采样。

（3）时钟模块：主要实现计算当前实时时钟，并判断当前时刻智能电能表所处的时区时段，确定当前电能所处的费率时段。

（4）冻结模块：主要实现定时、周期的冻结存储，方便主站数据采集、电费结算、故障时电费追缴功能。

（5）事件模块：主要实现对线路工况、智能电能表内部工况、计量装置参数设置操作等日志记录。

（6）通信模块：主要包括 RS485 通信、红外接口通信、外部模块通信（载波模块、无线模块等），可支持 DL/T 645—2007 标准和 DL / T 698.45—2017 标准。

（7）费控模块：主要包括本地费控和远程费控两部分。远程费控功能主要有报警及其解除、保电及其解除、拉合闸等。本地费控可以通过 CPU 卡、射频卡等固态介质实现数据交互，也可以通过远程方式实现开户、充值、控制等费控功能。

（8）显示模块：主要实现对智能电能表常用功能的显示功能，支持循环显示、键显示及停电按键显示，显示数据项可配置。

当出现雷击、强磁干扰等复杂的现场工况，对软件正常运行造成一定影响时，软件也应具备使其修复、重新初始化或主动上报等措施，否则将出现功能失效、参数错误、程序错乱等情况。因此，科学系统地分析智能电能表软件质量问题有助于提升产品质量，维护电能售买方利益。

软硬件的品质把控尤为重要。为保障智能电能表正常运行，减小故障率，提升电力营销部门的服务质量，维护电力计量设备公平无偏差，有必要对智能电能表可靠性进行分析和研究。针对电能表质量可靠性预估和检测方法，已有许多文献支撑，文献 [8] 对智能电能表 5 项核心模块及其元器件进行加速退化实验，并选取基本误差和时钟误差衡量退化品质，使用 4 种失效概率函数预测智能电能表的寿命。文献 [9] 采用 Peck 加速模型，对智能电能表建立寿命预测模型，并设计了寿命加速实验。文献 [10] 结合智能电能表的特点，系统介绍了软件测试的基本流程、测试方法和技术，并提出了合理的实施措施和建议。上述文献针对硬件整体和元器件可靠性及软件质量进行了研究。国际法定计量组织（Organisation Internationale de Métrologie Légale，OIML）颁布的 IR46 标准也提出对电子式电能表的可靠性要求，如防止误操作（prevention of misuse）、欺骗保护（fraud protection）、参数保护（parameter protection）、自动储存（automatic storing）等[11]。不良的软件设计可能出现鲁棒性不佳、容错率低等情况。当出现复杂工况、雷击、强磁干扰、物理破坏等事件时，软件应具备自动修复能力，以保障安全用电和公平计量[12]。因此，需要使用软件测试的方法来模拟可能出现的工况，评估智能电能表软件的可靠性。

国外对实时嵌入式软件测试的研究开始于 20 世纪 70 年代，其早期研究注重对单个实际系统中软件测试方法的研究。1980 年，R.L.Glass 发表了著名文章《实时软件：调试和测试的失落世界》，总结了实时嵌入式软件测试落后于通用软件测试的现状，并提出了一些解决方案。在此后的 20 年间，国外许多研究机构针对实时、反应和嵌入等问题进行了大量的研究工作，并取得了一定的成果。近些年，更多的研究转向了关于嵌入式软件自动化测试工具的研究，产生了许多典型的嵌入式软件测试工具，主要包括黑盒测试工具和白盒测试工具，如 LDRA 公司的 Testbed、IBM RTRT。

在军用行业已形成成熟全面的软件测试与可靠性评价标准，如测试规范（甚至细到软件编码规范）、质量度量、可靠性设计原则和评价等。其他电子类行业，随着功能安全的提出，在汽车电子、铁路、医疗器械、过程工业领域安全仪表、家电领域等正在逐步执行行业内基于功能安全的软件安全完整性等级的软件测试与质量评价标准。例如，应用成熟的汽车电子行业中的 ISO 26262，规定了软件从黑盒外部功能验证、内部白盒测试的系列测试项和测试评价指标，有基本测试方法、流程指导和自动化测试工具的选取，供应商软件只有按照标准达到一定的质量认证要求时才被采用。目前，国外针对智能电能表软件的测试主要集中在功能及规约一致性方面，缺少针对智能电能表软件代码实现方面的测试。

国内嵌入式软件测试技术起步较晚，20 世纪 90 年代，国内的一些研究机构开始关注实时嵌入式软件测试技术和工具的研究，如国防电子领域西安航空计算机技术研究所（原中国航空工业第 631 研究所）、北京航天部 204 所，同时一些代理国外测试工具的企业也相继开发了一批软件测试工具。南京大学研发了一种针对嵌入式软件进行测试的工具 EASTT，EASTT 类似于 logiscope，多应用于代码评审和动态调用关系分析、动态覆盖测试等。北航软件所研发了 SafePro/C，主要用于测试 C 语言程序软件，提供分支覆盖、语句覆盖、轨迹文件界面和插桩策略。

国内智能电能表生产单位的软件测试工作，一般仅限于对产品的基本功能测试和通信规约一致性测试，对智能电能表软件全面、深入的代码级测试较少，针对智能电能表软件的有效测试方法、测试规范及质量评价手段比较单一，在一定程度上影响了电力企业优质服务的水平。目前，仅有少数智能电能表生产单位和研究单位开展智能电能表软件质量评估方面的研究，测试手段、工具比较单一，适用的检测标准也较少。

随着国家电网有限公司用电信息采集系统建设工程的逐步推进，越来越多的智能电能表将会投入到现场运行中。目前，国家电网有限公司系统内的智能电能表供应商数量已经多达到 100 多个，规模有大有小，设计能力参差不齐，智能电能表投入运行的数量极其庞大。

为了确保智能电能表运行的可靠性和供货质量，国家电网有限公司制定了全面严格的检测方案。挂接在现场的电能表虽然经过层层检测，但是在某些实验室无法复现的工况下，电能表有可能出现故障，这种故障一般属于潜在的软件故障，基本成批出现。此外，频繁发生的窃电事件也凸显出智能电能表软件设计缺陷所带来的危害，不法分子常常利用这些缺陷攻击智能电能表，窃取国家电能财产。因此，应深入研究智能电能表软件可靠性评价技术，提高智能电能表软件成熟度和可靠性，减少智能电能表运行故障，设计智能电能表软件可靠性分析评价和软件测试系统成为保障用电信息采集系统运行可靠的重要工作内容。

智能电能表软件可靠性评价技术的研究目标：基于信息加密保护技术，提出智能电能表软件备案方法，同时研制软件备案与比对装置，实现智能电能表的软件溯源，保证试验室送检样表与现场安装运行电能表的软件一致性。采用模块化测试方法，实现自动化测试与手工测试相结合，完成智能电能表嵌入式软件可靠性测试。由于不同厂家生产的智能电能表 CPU 不同，存储方式不同，故针对不同电能表的测试方法也不同。因此，有必要设计一种智能电能表软件测试及评价的服务系统，将仪器仪表、测试系统、服务器、存储、网络和各种平台等基础设施进行虚拟化，结合数据加密技术为电能表生产企业提供一个共享、可用、安全的自动化软件测试环境。这样可以节省电能表设计、测试、检测的时间成本，提升产品品质。在质量评价方面，提出一种较全面的针对智能电能表应用的嵌入式软件可靠性评价方法，针对智能电能表嵌入式软件在运行过程中可能发生的故障具有不确定性、发生原因的复杂性及现有测试实验数据的不完备性等特点，采用灵活可配置的测试用例进行案例触发。

1.4 质量保障及技术监督

智能电网采集系统建设是一个复杂的系统性工程，数亿只智能电能表挂装到现场，其产品质量的好坏直接影响到采集系统运行的质量，因此必须强化挂装前的检定和检测。国家电网有限公司智能电能表的质量监督坚持“统一管理、分层负责、逐级监督、协调联动”的工作方针，遵循“监督内容统一、评价标准统一、操作流程统一”的工作原则。国网计量中心负责智能电能表生产前送样检测工作，省、地两级营销计量部门负责组织实施辖区内智能电能表全过程监督工作，统计、分析、编制质量监督信息报表、分析报告及相关材料，协调处理质量监督过程中遇到的问题，及时向上级部门通报质量监督结果。

在智能电能表供货前，主要监督手段包括产品监造、供货前样品比对和全性能试验。

在智能电能表供货后，主要监督手段包括到货后样品比对、抽样验收和全检验验收试验。

第 2 章　嵌入式软件质量模型及软件测试技术

2.1　嵌入式系统软件概述

嵌入式系统（embedded system）是以计算机技术为基础，置入应用对象内部起信息处理和控制作用的专用计算机系统。嵌入式系统以业务应用为中心，软件功能和硬件资源可根据应用需求裁剪，但至少包含一个微控制器、微处理器或数字信号处理器。该系统能够满足应用对功能、可靠性、成本、体积、能耗的综合性要求。运行于嵌入式系统上的软件称为嵌入式软件（embedded software）。

嵌入式系统又分为深度嵌入式系统和浅度嵌入式系统。如果系统上没有与用户进行交互的装置，在运行过程中也不需要与用户进行交互，则这个系统称为深度嵌入式系统；如果嵌入式系统上有类似于键盘或鼠标的输入装置和类似于显示屏幕的输出装置，在运行过程中经常需要与用户进行信息交互，则这个系统称为浅度嵌入式系统。

嵌入式系统最终会以产品化的形式面向使用者，因此也存在从开发到使用、从使用到退市的生命周期。嵌入式软件的生命周期可以分为开发和使用两大阶段。其中在开发阶段，又可分为集成之前阶段和集成之后阶段，划分的依据是一个嵌入式软件与其他相关的软硬件联合集成的时间点。

在嵌入式软件的生存周期中，对于质量的需求可以从内部质量、外部质量和使用质量 3 个不同的角度来描述，并且可以建立与这 3 种质量相对应的质量模型，如图 2–1 所示。

（1）内部质量需求是从软件内部角度观察到的软件属性的总和。它决定了嵌入式软件在特定条件下使用时，满足明确和隐含要求的能力。嵌入式软件的内部质量不受其他软件及硬件的影响。开发阶段形成的非执行软件产品也可以用内部质量进行评价。

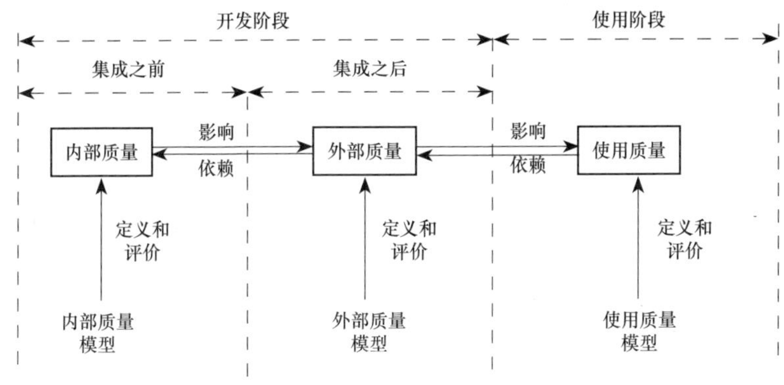

图 2-1　嵌入式软件生命周期及质量关系

（2）外部质量需求是从软件外部角度观察到的产品属性的总和。它决定了嵌入式软件在特定条件下使用时，满足明确或隐含要求的能力。嵌入式软件的外部质量会受到其他软件及硬件的影响。这种质量是嵌入式软件在执行时表现出来的质量。评价嵌入式软件的外部质量时，需要把被评价的软件与其他共存的软件及硬件作为一个整体来考虑。

（3）使用质量需求是从用户的角度观察到的产品质量。它测量用户在特定环境中使用软件达到其目标的程度，而不是测量软件自身的属性。这种测量只能在真实系统环境下进行。

3 种质量角度存在相互影响和依赖的关系。管控好内部质量，会提升外部质量，提升外部质量的同时，也影响着使用质量；反过来，要想获得好的使用质量，必须依赖优秀的外部质量，而外部质量的保证，需要可靠性较高的内部质量。

2.2　嵌入式软件质量模型

嵌入式软件质量模型也可划分为内部质量模型、外部质量模型和使用质量模型。

（1）内部质量模型用以衡量智能电能表在特定条件下使用时所达到的能力，可简单等同于开发人员自己发现的代码或设计缺陷的问题集合，测试方法为白盒测试，多数使用代码走查、方案分析等方法进行逻辑性自查。

（2）外部质量模型由开发者和质量管控人员决定，可简单等同于测试实验室的系统级联合测试，测试方法可使用灰盒测试，一般通过表征现象和标志判断程序内部运行状态。

（3）使用质量模型用于衡量产品的有效性、生产率、安全性及用户满意程度，多由第三方测试机构依据成熟的标准进行质量评价，测试方法为黑盒测试，一般有固定的、可重复使用的自动化测试过程。

软件测试的方法也分为静态测试和动态测试，静态测试多用于内部质量的管控，动态测试多用于外部质量和使用质量的场景。

在每种质量角度下，包含了若干个特性来描述该质量的性质。每种特性中，又包含了若干子特性，以详细描述这种特性的应用需求。每种子特性中，又有若干个测量元来详细描述该子特性的具体实验方法。这种清晰的层级关系可以快速定义软件产品质量，提高质量管控效率，如图 2–2 所示。

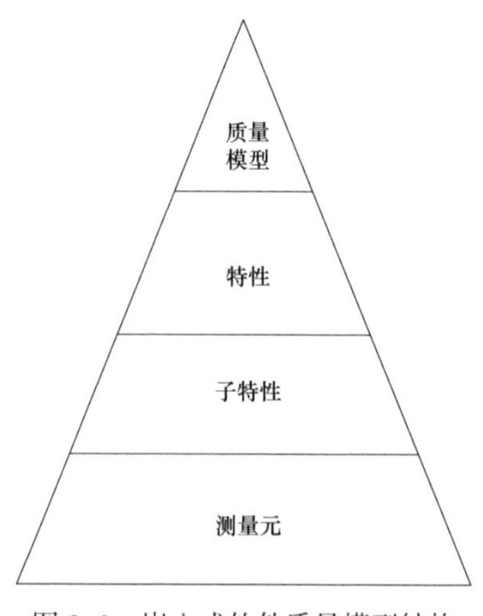

图 2–2　嵌入式软件质量模型结构

2.2.1　内部质量和外部质量

嵌入式软件的内部质量模型和外部质量模型在基本结构上很相似，都可以用 6 个特性来描述，即功能性、可靠性、易用性、效率、可维护性和可移植性。每种特性的概念及子特性名称如下：

（1）功能性：用于定义和评价嵌入式软件满足用户对功能需求的能力。功能性被分为适合性、准确性、互操作性、安全保密性和依从性 5 个子特性。适合性用于定义和评价嵌入式软件为指定的任务和用户提供合适功能的能力。准确性用于定义和评价嵌入式软件具有所需测量精度和正确结果的能力。互操作性用于定义和评价嵌入式软件与其他软件系统进行交互的能力。安全保密性用于定义和评价嵌入式软件保护客户隐私和数据私密性的能力。功能依从性用于定义和评价嵌入式软件在功能方面遵循相关的标准、约定、法律法规或风格指南的能力。

（2）可靠性：用于定义和评价嵌入式软件满足规定的可靠性要求的能力。可靠性被分为成熟性、容错性、易恢复性和依从性 4 个子特性。成熟性用于定义和评价嵌入式软件避免由于软件或相关硬件的故障而引起失效的能力。容错性用于定义和评价嵌入式软件在发生错误时维持用户期望的最低性能或性能不发生改变能力。易恢复性用于定义和评价嵌入式软件在发生失效时可在一定时间内重新达到相关规定的性能级别，并能够恢复被影响的数据的能力。依从性用于定义和评价嵌入式软件在可靠性方面遵循相关的标准、约定、法律法规或风格指南的能力。

（3）易用性：用于定义和评价嵌入式软件被用户理解、学习和操作的难易程度，以及它对用户的吸引程度。易用性被分为易理解性、易学性、易操作性、吸引性和依从性 5 个子特性。易理解性用于定义和评价嵌入式软件能够被用户理解并使用它完成某一特定任务的能力。易学习性用于定义和评价用户学习使用嵌入式软件的难易程度。易操作性用于定义和评价用户操作和控制嵌入式软件的难易程度。吸引性用于定义和评价嵌入式软件的界面吸引用户的能力。依从性用于定义和评价嵌入式软件在易用性方面遵循的相关标准、法律法规或风格指南的能力。

（4）效率：用于定义和评价相对于所使用的资源，嵌入式软件完成工作的能力。资源包括系统的软件和硬件配置、消耗的材料和花费的时间等。效率被分为时间性、资源利用性、效率依从性 3 个子特性。时间性用于定义和评价嵌入式软件提供适当的响应时间和数据吞吐量；资源利用性用于定义和评价嵌入式软件实现其功能时对资源的利用能力；依从性用于定义和评价嵌入式软件在效率方面遵循相关的标准、约定、法律法规或风格指南的能力。

（5）可维护性：用于定义和评价嵌入式软件易于被修改的程度。可维护性被分成了易分析性、易改变性、稳定性、易测试性和依从性 5 个子特性。易分析性用于定义和评价维护者或用户在试图诊断嵌入式软件的缺陷或失效原因时耗费工作量或资源的程度。易改变性用于定义和评价维护者或用户对嵌入式软件进行修改的难易程度。稳定性用于定义和评价嵌入式软件被修改后的稳定程度，或者说嵌入式软件所具有的避免由于修改而造成意外结果的能力。易测试性能用于定义和评价嵌入式软件支持辅助测试和检测的能力。依从性用于定义和评价嵌入式软件在可维护性方面遵循相关的标准、约定、法律法规或风格指南的能力。

（6）可移植性：用于定义和评价嵌入式软件从一种环境迁移到另外一种环境时对系统的行为所产生的影响程度。在这里环境包括组织环境、硬件环境和软件环境。可移植性被分成了适应性、共存性、易替换性和依从性 4 个子特性。适应性用于定义和评价嵌入式软件适用于不同环境的能力。共存性用于定义和评价嵌入式软件与其他嵌入式软件共享同一个硬件环境的能力。易替换性于定义和评价当试图用其他的嵌入式软件替代当前的嵌入式软件时，被替代的嵌入式软件对用户需付出的努力所产生的影响程度。依从性用于定义和评价嵌入式软件在可移植性方面遵循相关的标准、约定、法律法规或风格指南的能力。

这些子特性中，又包含了若干个测量元来具体描述度量的方法。内部质量模型、外部质量模型、子特性及测量元的名称见表 2–1 和表 2–2。

表2–1　　　　内部质量模型、子特性及测量元名称

序号	特性	子特性	测量元
1	功能性	适合性	功能实现的适合性；功能实现的完整性；功能实现的成功性；功能说明的稳定性；接口的有用性
		准确性	计算准确性；数据精度的满足性
		互操作性	数据可交换性；接口一致性
		安全保密性	访问可记录；访问可控制；数据抗抵赖；数据加密完整性
		依从性	功能的依从性；界面的依从性
2	可靠性	成熟性	故障的检出性；故障的排除性；测试的充分性；测试的可信性
		容错性	避免失效；抵御误操作
		易恢复性	系统可复原；复原后有效
		依从性	可靠性的依从性
3	易用性	易理解性	功能介绍完整；功能可演示；功能显见；功能易理解
		易学习性	文档和帮助可读、权威
		易操作性	输入有效性可检查；操作易取消；操作易还原；操作易定制；生理缺陷者易使用；运行状态易监控；使用方法方法唯一；消息明确；界面元素明确；操作可容错
		吸引性	界面满足吸引性；界面可定制
		依从性	易用性的依从性

续表

序号	特性	子特性	测量元
4	效率	时间性	响应时间；数据和任务吞吐量；
		资源利用性	输入 / 输出（input/out，I/O）设备利用性；内存占用；内存占用量满足性；功耗要求满足性
		依从性	效率的依从性
5	可维护性	易分析性	运行记录完整性；诊断功能完整性
		易改变性	变更说明完整性；模块间的耦合性
		稳定性	变更成功性；变更影响面
		易测试性	内置的测试能力；独立被测能力；测试可监控
		依从性	可维护性的依从性
6	可移植性	适应性	组织环境适应性；移植难易程度；系统环境适应性；操作系统依赖程度
		共存性	共存可行性
		易替换性	数据继承性；功能继承性
		依从性	可移植性的依从性
合计		26个	67个

表2–2　外部质量模型及子特性、测量元名称

序号	特性	子特性	测量元
1	功能性	适合性	功能实现的适合性；功能实现的完整性；功能实现的成功性；功能说明的稳定性；接口的有用性；功能的专用性
		准确性	计算准确性；数据精度满足性

续表

序号	特性	子特性	测量元
1	功能性	互操作性	数据可交换性；数据交换的成功性
		安全保密性	访问可记录；访问可控制；数据抗抵赖；数据加密完整性
		依从性	功能的依从性；界面的依从性
2	可靠性	成熟性	失效的检出性；失效的排除性；故障的检出性；故障的排除性；平均失效间隔时间；测试的充分性；测试的成熟性；测试的可信性
		容错性	死机的引发性；失效的避免性；误操作的抵御性
		易恢复性	软件的可用性；平均宕机时间；易重新启动性；易复原性；复原的有效性
		依从性	可靠性的依从性
3	易用性	易理解性	功能介绍完整；功能可演示；演示的可使用性；功能显见性；功能的易理解性
		易学习性	学习的难易性；文档和帮助的任务说明有效性；文档和帮助的功能说明有效性；帮助的易定位性
		易操作性	用户界面的一致性；纠错的难易性；错误恢复指导的完整性；输入错误的可还原性；软件错误的可还原性；操作的易定制性；操作的可缩减性；生理缺陷者的可使用性；生理缺陷者的易使用性
		吸引性	界面的满足性；界面的易定制性
		依从性	易用性的依从性

续表

序号	特性	子特性	测量元
4	效率	时间性	响应时间、平均响应时间的满足性；最差响应时间的满足性；吞吐量、平均吞吐量的满足性；最低吞吐量的满足性；平均等待时间率；启动时间；启动时间的满足性；任务切换时间；任务切换时间的满足性
		资源利用性	I/O设备的利用性；I/O错误率；平均I/O错误率的满足性；最大I/O错误率的满足性；内存错误率；平均内存错误率的满足性；最大内存错误率的满足性；传输错误率；平均传输错误率的满足性；最大传输错误率的满足性；平均传输能力的满足性；能耗要求的满足性
		依从性	效率的依从性
5	可维护性	易分析性	运行记录的完整性；诊断功能的可用性；失效原因的可发现性；状态监视的能力；失效分析的平均时间
		易改变性	变更说明的完整性；变更实施的平均时间；软件变更控制能力；变更参数化的可行性
		稳定性	变更的成功性；变更影响的局部性；变更的不利影响性
		易测试性	内置测试能力的有效性；重新测试的效率；测试的可监控性
		依从性	可维护性的依从性

续表

序号	特性	子特性	测量元
6	可移植性	适应性	组织环境适应性；系统环境的适应性
		共存性	共存可行性
		易替换性	数据继承性；功能继承性；新功能的接受性
		依从性	可移植的依从性
合计		26个	100个

2.2.2 使用质量

嵌入式软件的使用质量模型是一种用于定义和评价其使用质量的模型。它通过有效性、生产率、安全性和满意性 4 个特性来描述嵌入式软件的质量。这些特性中没有子特性，而是直接包含若干个测量元。每种特性的概念如下：

（1）有效性：用于定义和评价在指定的使用环境中使用嵌入式软件时，用户执行任务达到规定目标的程度。

（2）生产率：用于定义和评价在指定的使用环境中使用嵌入式软件时，用户为达到规定的目标需要消耗资源的程度。

（3）安全性：用于定义和评价在指定的使用环境中使用嵌入式软件时，对人、业务、软件、财产或环境产生伤害的风险程度。

（4）满意性：用于定义和评价在指定的使用环境中使用嵌入式软件时，用户的满意程度。

使用质量的特性及测量元名称见表 2-3。

表2-3　使用质量的特性及测量元名称

序号	特性	测量元
1	有效性	任务有效性、任务的完成性、功能有用性、功能的易理解性、输入和输出的易理解性；消息的易理解性；默认值的适用性；文档和帮助的任务说明有效性；文档和帮助的功能说明有效性；出错频率
2	生产率	任务效率、有效成本率、有效时间率、相对有效时间率、有效能耗率、学习的难易性
3	安全性	用户健康的影响性、用户安全的影响性、经济损失的产生率、软件出错率或计算结果错误率
4	满意性	用户的满意性；系统的可能被选用性；界面的友好性；新版本软件的接受性
合计		24个

2.3　软件测试的级别和技术

软件测试类型从广义上说可分为两种：功能性测试和非功能性测试。按测试阶段可分为单元测试、集成测试、系统测试和验收测试。按测试技术可分为白盒测试（结构性测试）、黑盒测试（功能性测试）和介于黑盒与白盒之间的灰盒测试。按测试的实施组织可分为开发方测试、用户测试和第三方测试。按测试的方式可分为静态测试和动态测试。关于测试的类型，根据不同的分类方法能够分出几十种，因为软件测试技术还处于不断发展的阶段，类型划分还不统一，所以，作为测试人员遇到一些没有接触过的类型，知道这种测试类型的测试目的和测试角度就可以了。

2.3.1　软件测试的级别

在软件编码结束后，首先要对刚刚编写完的模块进行测试，这个阶段叫作模块测试或单元测试。如面向对象的程序设计中，一般将对类（class）的测试称为单元测试。在单元测试通过之后，需要将模块与其他接口进行联合调试，将这些模块或类集成在一起而进行的测试称为集成测试。集成测试通过后，需要进行系统测试，系统测试是将程序模块或类并入实际运行环境下，考察平台、软硬件、网络及操作系统等多方面的测试，主要考察兼容性、稳定性等多方面。系统测试结束后，需要检测与证实软件是否满足需求任务书中规定的内容，邀请客户进行验收和确定，这个过程称为验收测试或确认测试。在整个软件开发过程中软件测试分为不同的级别，每一个级别的测试都起到不同的作用。

单元测试是针对各个代码单元进行的测试。测试仅围绕具体的程序模块或类进行。单元测试将整体测试任务有效分解，对测试出的软件缺陷能够准确定位在模块级别，从而减轻了调试任务。此外，单元测试使得传统的流水软件测试流程得以分解，在某种程度上达到同步测试的目的，提高了软件测试阶段的效率。

在设计单元测试用例时，要注意对被测试单元两个方面的信息进行比对查看：详细设计和源代码。详细设计通常包含对测试单元的接口（输入和输出）及功能（算法）的具体定义。在设计测试用例时，找出符合测试设计中有关准则的输入数据进行输入，然后检查结果，看其是否正确。

集成测试是单元测试的逻辑扩展。它最简单的形式是将已经测试过的单元组合在一起，主要目的是测试单元之间的接口。集成测试的工作主要是把单元测试过的各模块或类集成在一起来测试数据是否能够在各模块或类间正确流动，以及各模块或类能否正确同步。与单元测试相比较，集成测试是比较复杂的，而且对不同的技术、平台和应用，差异也比较大。从测试程度来讲，集成测试可以分为两种：手工黑盒和代码灰盒。灰盒测试是介于白盒测试和黑盒测试之间的测试，是现代测试的一种思想，是指在白盒测试中交叉使用黑盒测试，在黑盒测试中交叉使用白盒测试的方法。手工黑盒与后续的系统测试的测试用例存在重用。代码灰盒是指针对组件的接口采用调用的方法来测试，一般不会涉及白盒测试，即不关心组件内部是如何实现的，只关心组件的接口。

系统测试在系统全部集成完毕以后开展。系统测试是将软件、计算机硬件、外部设备、网络等其他元素结合在一起所进行的测试，主要测试用户的功能性和非功能性需求指标是否都可在软件中正确实现，检测已集成在一起的软件产品是否符合系统需求规格说明书的要求。该测试把软件作为一个黑盒，针对每个需求规格组织各种输入并根据软件输出来判断该需求规格是否正确实现，因此系统测试偏重于黑盒测试。系统测试人员负责制订测试计划并依照测试计划进行测试。这些测试包括功能性的测试（黑盒测试）和非功能性的测试（如压力测试）等。测试人员需要良好的测试工具来辅助完成测试任务，自动化的测试工具将大幅提高系统测试人员的工作效率及测试的效果和质量。

验收测试是部署软件之前的最后一个测试阶段。验收测试的目的是确保软件准备就绪，验证软件的有效性。验收测试的任务就是验证软件的功能和性能及其他特性是否满足用户的需求。验收测试是一项管理严格的过程，通常是系统测试的延续，其计划和设计的周密和详细程度不亚于系统测试。测试用例包括测试系统特性测试用例和系统测试中所执行测试用例的子集。在很多组织中，验收测试是完全自动执行的。

2.3.2 白盒测试技术

白盒测试的主要特点是测试系统源代码，主要测试代码实现的合理性和正确性，包括逻辑的设计、变量的控制、路径的可达等。其目的是解决功能测试中难以发现的软件缺陷。这些缺陷需要人工详细设计测试任务或者使用专用代码检查手段进行测试。白盒测试的方法有代码检查法、程序结构分析法、静态质量度量法、逻辑覆盖法、程序插桩法基本路径测试法、符号测试法、域测试法、路径测试法、程序变异及程序控制流分析法、数据流分析法等。

白盒测试主要用于单元测试、集成测试和回归测试，同时，白盒测试的思路和体系也可以用于系统级别的测试的设计。

程序结构分析法：从控制流分析、数据流分析和信息流分析的不同方面讨论，使用机械性的方法分析程序结构。其目的是找到程序中隐藏的各种错误或缺陷。

逻辑覆盖法：结构测试的一个重要问题是测试进行到什么地步可以结束。这就需要设计结构测试的覆盖准则和收敛条件，包括语句覆盖、判定（判断）覆盖、条件覆盖、判定 – 条件覆盖、条件组合覆盖、路径覆盖。

程序插桩法：程序插桩（program Instrumentation）法是一种基本的测试手段，在软件测试中有着广泛的应用。程序插桩法简单地说就是往被测程序中插入操作来实现测试目的的方法。程序插桩的基本原理是在不破坏被测试原有逻辑完整性的前提下，在程序的相应位置上插入一些探针。这些探针本质上就是进行信息采集的代码段，可以是赋值语句或采集覆盖信息的函数调用。

域测试法：域测试（domain Testing）法是一种基于程序结构的测试方法。程序错误分为域错误、计算型错误和丢失路径错误 3 种。这是相对于执行程序的路径来说的。每条执行路径对应于输入域的一类情况，是程序的一个子计算。如果程序的控制流有错误，则对于某一特定的输入可能执行的是一条错误路径。

2.3.3　黑盒测试技术

黑盒测试又称为功能测试或数据驱动测试，相对于白盒测试，黑盒测试是把被测对象看作一个黑盒子，无须关注内部结构和实现原理，仅测试产品的功能。值得注意的是，黑盒测试并不是白盒测试的替代品，而是相辅相成的互补功能，目的是发现白盒测试不能发现的缺陷。采用黑盒技术设计测试用例的方法有边界值分析法、等价类测试法、错误推测法、因果图法、决策表法、场景法和正交试验法等。

（1）边界值分析法：边界值测试的是程序接口 / 界面输入量的边界，保证输入数据的有效性，需要依据边界来设计测试用例。其基本原理是程序的错误或缺陷可能出现在输入变量的极限值附近。测试用例中变量的取值区间可取最小值、略高于最小值、正常值、略低于最大值和最大值 5 个值。

（2）等价类测试法：等价类测试法是边界值测试法的提升，进行边界值分析法时，很容易出现测试用例存在大量冗余，或测试用例本身的漏洞，多数原因是没有考虑到同一个变量的多区间或多意性，也没有考虑到不同变量之间的依赖关系。因此等价类测试法需要保证测试用例具有一定的完备性，同时要避免用例的冗余而带来的工作量增加。等价类测试法的设计原则是：把全部输入数据或输出数据合理地划分为若干等价类，在每一个等价类中取一个数据作为测试的输入条件或输出条件，就可以用少量代表性的测试数据取得较好的测试结果。等价类可划分为有效等价类和无效等价类两种类别。有效等价类是指对于程序的规格说明是合理的、有意义的输入数据或输出数据构成的集合，利用有效等价类可以检验程序是否实现了规格说明书中所规定的功能和性能。无效等价类与有效等价类的定义恰巧相反。设计测试用例时，要同时考虑这两种等价类。因为软件不仅要能接收合理的数据，也要能经受无效输入的考验，这样的测试才能确保软件具有更高的可靠性。

（3）错误推测法：错误推测法就是利用测试人员多年的经验和直觉推测程序中可能出现的错误和缺陷来设计测试用例。错误推测法本身不是一种测试技术，而是一种可以应用到所有测试技术中的技能，如设计一些非法、错误、不正确和垃圾数据进行输入测试是具有一定意义的。

（4）因果图法：在边界分析法和等价类划分法中，虽然考虑了数据的边界性和同类性，但是未考虑输入条件之间的关系和相互组合，这会导致测试数据用例相对单薄，使用因果图法能够从逻辑组合的角度来对待软件测试，可达到如下特点：①考虑了输入条件之间的组合关系；②考虑了输出条件对输入条件的因果关系；③发现错误和缺陷效率更高；④能检查出需求文档中的缺陷或漏洞；⑤因果图法的产物是判定表，可用于检查程序输入条件的各种组合情况。

（5）决策表法：在所有功能性测试方法中，基于决策表的测试方法是最严格的，因为决策表具有逻辑严格性。在实际测试中，因果图法和决策表法是两种密切关联的方法，与其他黑盒测试方法相比，这两种方法的测试用例设计过程比较麻烦。

（6）场景法：现在的软件几乎都是用事件触发来控制流程的，而同一事件不同的触发顺序和处理结果就形成了事件流。这种在软件设计方面的思想也可引入到软件测试中，可以比较生动地描绘出事件触发时的情景，有利于测试设计者设计的测试用例，同时使测试用例更容易被理解和执行。在使用场景法测试一个软件，测试流程按一定的事件流正确地实现某个软件的功能时，这个流程称为该软件的基本流；而凡是出现故障、缺陷或例外的流程，称为备选流，备选流可以源于基本流，或是由备选流中引出的。

（7）正交试验法：在利用决策表或因果图来设计测试用例时，输入条件的原因与输出结果之间的因果关系有时很难从需求文档中得到，也可能由于因果关系非常庞大，导致了测试用例巨大，给测试工作带来了沉重负担，正交实验法可以有效合理地减少测试耗费的工作量，在保证充分性的同时，提升测试效率。正交实验法设计测试用例的基本步骤：①提取功能说明，构造测试因子，画出正交状态表；②对每个因子进行加权分析，确定每个因子出现的频率；③利用正交表构造测试数据集。

下面是各种测试方法选择的策略，可供读者在实际测试过程中参考。

（1）首先考虑等价类划分。

（2）在任何情况下都必须使用边界值分析法。

（3）可以用错误推测法追加一些测试用例作为补充，这需要依靠测试工程师的智慧和经验。

（4）如果软件的功能说明中含有输入条件组合的情况，也就是输入变量之间有很强的依赖关系，则一开始就可以选用因果图法或者决策表法。

（5）如果被测软件的业务逻辑清晰，同时又是系统级别的测试，那么可以考虑用场景法来设计测试用例。

（6）对于参数配置类的软件，选用正交实验法可以达到测试用例数量少，且分布均匀的目的。

第 3 章 智能电能表软件可靠性相关标准解读

由于软件程序的特殊性，因此不能从外观、一致性对其质量进行确切衡量，受人为因素影响也非常大，国际法制计量组织、中国国家市场监督管理总局、国家电网公司都对计量器具的软件可靠性从国际建议、国家标准和企业标准做出了相关要求。

3.1 IR46 关于软件测评的要求

智能电能表国际建议 IR46 是国际法制计量组织下属第 12 技术委员会（简称 TC12）组织起草的一个技术文件，为新设计生产的智能电能表型式批准提出建议，是国际法制计量的重要组成部分。从 2002 年开始，国际法制计量组织 TC12 工作组就组织对智能电能表国际建议 IR46 的修改。其中，对计量器具的软件性能做出了如下要求。

3.1.1 通用要求

在通用要求中，电能表应具备保护其自身计量性能的方法，应限定对软件保护、参数保护及事件记录检测授权访问的等级。挂装在室外的仪表，所有用于保护计量性能的方法都应能承受阳光辐射造成的危害。

3.1.2 软件标识

该部分对软件的版本标识做出了要求，规定应使用软件版本号或其他可以明确标识仪表计量相关的软件。软件标识可由多个部分组成，但至少一部分应专门用于计量目的。

软件标识和软件本身不可分开，并应通过命令展示或通过操作显示出来。

作为例外，如果符合以下 3 个条件，在仪表上印刷软件标识应是可接受的方案：

（1）用户接口不具备在显示器上激活指示软件标识的任何控

制能力，或显示器在技术上不允许指示软件标识，如模拟指示装置或机电计数器。

（2）仪表没有用于通过命令展示软件标识的接口。

（3）仪表生产后，不可进行软件改变，或只有在硬件或硬件组件也更改时才可更改软件。

硬件或相关硬件组件的制造厂负责确保将软件标识正确标记在相应仪表上。软件标识及其标识方法应在型式批准证书中说明。

3.1.3 软件保护

除了在计量器具上应注明软件标识外，还应当对软件做一定程度的保护措施，如防止滥用、防止欺诈、参数保护、电子设备和子组件的分离要求及软件部分的分离要求。

（1）防止滥用。通过软件保护功能，应使无意、意外或故意的误操作的可能性降至最小。

（2）防止欺诈。计量相关软件应防止通过更换存储装置来进行未经授权的修改、加载或更改。需要用安全手段，如机械或电子封印，用以保护具有加载软件 / 参数功能的仪表。

合法的相关软件应该具备安全防护功能，防止未经授权便通过内存交换方式而进行修改、加载或更改。所谓的安全防护是指利用机械或电子铅封来保护具有加载软件或程序功能的智能电能表。

只有被明确说明的功能才允许用户激活使用，但这些功能的实现方法不得有利于欺诈行为。

软件保护包括通过机械、电子封印和 / 或加密方式，使未经授权的干预不可进行。

3.1.4 参数保护

配置计量相关特性的参数应防止未经授权的修改。为了满足验证的需求，设置的当前参数应能显示。

仪表仅在特殊运行模式下，才可调整或选择设备专有参数。设备专有参数可分为受保护的（不可改变的）和授权人员（如仪表拥有人、维修人员）可访问的（可设置参数）。

对于参数保护，简单密码在技术上是不可接受的。

可允许授权人员访问一组有限的设备专有参数。这组设备专有参数及其访问限制 / 规则宜明确说明。

存储总电能的寄存器清零应视作对设备专有参数的修改。因此，所有适用于设备专有参数的相关要求适用于清零操作。

修改设备专有参数时，仪表应停止记录电能。

可规定某些可供用户修改的设备专用参数。在这种情况下，仪表应具备自动地、不可清除地记录设备专有参数的任何修改的装置，如审计日志。仪表应能展示所记录的数据。

追溯方法和记录是计量相关软件的一部分，宜受到同样的保护。用于显示审计日志的软件属于固定的计量相关软件。

3.1.5　电子设备和子组件的分离

仪表计量的关键部分（无论软件或硬件）不允许被仪表的其他部分影响。

实现计量相关功能的仪表子组件或电子装置应标识、明确定义并说明。它们构成了仪表的计量相关部分。如果实现计量相关功能的子组件没有标识，则所有的子组件都应视为用来实现计量相关功能。

型式试验期间，应证明子组件和电子装置的相关功能和数据不允许被由接口接收到的命令所影响。这就是说，子组件和电子装置中所有已启用的功能或数据改变的每条命令都应明确分配。

3.1.6　软件部分的分离

实现计量相关功能或包含计量相关数据域的所有软件模块（程序、子程序、对象等）构成仪表的计量相关软件部分，计量相关软件部分应按 IR46 的 4.1.3 节明确标识。如果实现计量相关功能的软件模块没有标识，则整个软件应视作计量相关。

如果计量相关软件部分与其他软件部分通信，应定义软件接口。所有通信只能通过这个接口进行。计量相关软件部分和接口应明确说明。应描述软件所有计量相关功能和数据域，以使型式批准机构对软件分离的正确性进行判断。

应明确定义并说明构成软件接口的数据域，软件接口包括从计量相关部分输出到接口数据域的代码，以及从接口输入到计量相关部分的代码。

软件的计量相关部分，用于所有已启用的功能或数据改变的命令都应明确分配任务。应申明并说明通过软件接口传送的命令。只有已说明的命令才允许通过软件接口激活。制造厂应申明其说明命令的文件是完整的。

3.1.7 数据存储、数据传输和时间标记

如在测量位置以外的其他地方使用测量值，或在测量时间之后使用测量值，在使用这些测量值用于计量目的之前，测量值可能不得不离开仪表（电子装置、子组件），并在一个不安全的环境中存储或传输，在这种情况下，应满足以下通用要求：

（1）储存或传输的测量值应附有用于未来计量目的的所有相关必要信息。

（2）应通过软件方法保护数据，以保证数据的真实性、完整性及与测量时间有关信息的正确性。如有必要，从不安全的存储环境读取或从不安全的传输通道接收测量值和附带数据后，用于显示或进一步处理的测量值和附带数据的软件必须对数据的测量时间、真实性和完整性进行验证。如果检测到有不规则的数据，数据应丢弃或标识为不可用。

（3）用于保护数据的密钥应保密并安全保存在仪表中。在封印被破坏后，需提供一定的方法，才能输入或读出密钥。

（4）用于为存储或传输配置数据，或读取或接收数据后验证数据的软件模块属于计量相关软件部分。

1. 数据存储

在数据存储方面，当要求存储数据时，在测量结束（即生成最终值）时，测量数据必须自动存储。当最终值是经过计算得到时，所有计算所需的数据必须与最终值一起自动存储。

存储装置必须具有足够的稳定性，以保证数据在正常存储条件下不被破坏。必须有适用于任何特殊应用的足够存储容量。发生以下任意一种情况，存储数据可被删除：

（1）交易已经结算。

（2）数据已被受计量控制的打印设备打印。

注：以上两条规定不适用于总寄存器和审计日志。

（3）满足（1）和（2）的要求并且存储空间已满时，如果同时满足以下条件，允许删除存储数据。

1）以与记录顺序相同的顺序删除数据，并且遵守为特殊应用而设置的规则。

2）删除要么自动执行，要么在需要特殊访问权限的手动操作之后执行。

2. 数据传输

在数据传输方面计量器具不允许因传输延时而影响测量。如果网络服务不可用，不应丢失计量相关的测量数据。

3. 时间标记

在时间标记方面，时间标记应从仪表的时钟中读取。设置时钟应视作是计量相关的，应按 IR46 的内容中采取适当保护方法。

当测量时间对于特殊应用（如多费率仪表、分时仪表）是必需时，为了降低其不确定性，内部时钟可通过特殊方法加强，如软件方法。

3.1.8　仪表软件的维护和重新配置

仪表软件在现场运行中，会出现不可避免的软件升级过程，在此过程中，会存在两种情况，一种是软件版本的修改，即使用另一个经认证的软件版本替换现有版本；另一种是对软件版本的修复，即重新安装现有的软件版本。无论出现哪一种情况，仪表都需要对软件进行首次检验。如果有政策要求不允许对使用中的仪表进行软件升级，可以使用封印（物理开关、固化参数）等手段来禁用软件升级机制，因此在此类情况下，不破坏封印，仪表软件也无法升级。

1. 验证升级

验证升级的方式可以是直接在表计使用现场升级，也可以通过网络远程升级。软件升级一般分为两个步骤，即软件加载和软件安装，在实际应用中，可根据需要将这两个步骤分开进行或者合二为一。在软件升级过程中，仪表不允许进行计量工作，建议工作人员在仪表安装现场进行软件有效性的验证。

2. 追溯升级

追溯升级指的是在已经校验过的仪器或设备上更改软件，且软件更改后不需要有负责人到现场进行后续校验的过程。追溯升级主要包括的步骤有加载、完整性检查、来源检查（认证）、安装、登录和激活。追溯升级应符合以下几个条件：

（1）软件的追溯升级应是自动的。实现软件升级的过程中，软件保护环境应与型式批准的要求在同一水平。

（2）目标仪表（电子装置、子组件）应有不可升级的、包含完成追溯升级要求所需的检查功能的固定计量相关软件。

（3）应使用技术手段来保证加载软件的真实性，即已加载软件是源自型式批准证书的该软件的所有者。如果加载软件未通过真实性检查，仪表应丢弃该软件并使用先前版本的软件或切换到非运行模式。

（4）应使用技术手段来保证加载软件的完整性，即加载前软件不允许改变。这可通过添加加载软件的校验和或哈希代码，以及在加载过程中验证校验和 / 或哈希代码来实现。如果加载软件未通过校验测试，仪表应丢弃该软件并使用先前版本软件或切换至非运行模式。这种模式下，应禁用测量功能。

（5）为了后续校验、监视和审查，应使用合适的技术手段（如审计日志）来保证仪表内计量相关软件的追溯升级可被完全追溯。审计日志应至少包含的信息有：升级过程的成功 / 失败、新安装软件版本的软件标识、旧软件版本的软件标识、升级事件的时间标记、下载方的标识。升级过程无论成功还是失败，每一次升级尝试都应生成一条记录。

（6）仪表用户很好地了解软件升级（特别是计量相关部分）过程，且根据国家法规，获得使用者和拥有者允许后，才能对表计进行程序加载。

在不满足（1）~（6）条的要求的情况下，也可以对非计量相关软件部分进行升级，这种情况应满足以下要求：

①计量相关软件与非计量相关软件之间明确分离。

②不破坏封印，整个计量相关软件部分不能进行升级。

③型式批准证书中规定，升级非计量相关部分是可接受的。

3.1.9　事件记录检测

如果仪表有其他检测装置，装置配备的事件记录空间应至少存储 100 条事件记录，并且事件记录应是先入先出类型的。在不破坏封印或未授权的情况下，事件记录不能被修改或清零。

3.2　JJF 1182—2007《计量器具软件测评指南技术规范》解读

2007 年国家市场监督管理总局（原国家质量监督检验检疫总局）指定并颁布了 JJF 1182—2007《计量器具软件测评指南技术规范》，该规范针对计量器具软件测试的应用、水平分类、型式评价及评价细则明确了基本要求、验证程序和主要验证方法，为计量部门日常监督管理及计量器具生产企业进行软件测试提供了参考，本节对 JJF 1182—2007 的重点内容进行梳理和简介。

3.2.1　计量器具软件技术特征分类

计量器具软件可分为基于嵌入式计算机系统（P 类型）的计量器具软件和基于通用计算机系统（U 类型）的计量器具软件。

基于嵌入式计算机系统（P 类型）的计量器具软件具有如下特征：

（1）内置的应用软件用于计量，包括法制控制部分和其他部分。

（2）软件作为一个整体设计，除非可以软件分离，否则视作一个整体。

（3）用户接口仅用作计量目的的，通常操作模式下受法制控制，也可切换到不受法制控制的操作模式。

（4）操作系统不含用户界面。

（5）软件及运行环境恒定，没有编程和更改法制相关软件的手段，只能受控升级。

（6）允许存在通过受控网络交换数据的接口。

（7）允许计量数据本地或远程受控存储。

基于通用计算机系统（U类型）的计量器具软件具有如下特征：

（1）基于通用的计算机系统，可以作为闭合网络的一部分独立存在，如以太网、令牌环网或开放网络的一部分。

（2）作为计算机扩展单元的传感器应通过闭合的通信线路链接，或通过网络、传感器之间连接。

（3）用户接口可以从不受法制控制的操作模式切换至相对的受控模式。

（4）数据可以本地或远程存储。

（5）可以使用任何操作系统，允许有受法制控制或不受法制控制的计量器具应用软件。

（6）操作系统的低版本的驱动程序（如视频驱动、打印驱动、磁盘驱动）仅在执行特殊测试任务时受法制控制。

3.2.2 软件标识、算法和功能的正确性

1. 软件标识

JJF 1182—2007 标准中关于软件标识的定义与 IR46 的要求类似，JJF 1182—2007 中要求：法制相关软件需有清晰的、带软件版本号或者其他特征的标识。标识可以含有多个部分，但必须有一部分专用于法制目的。标识和软件本身是密切关联的，在启动或操作时应在显示设备上显示出来，如果计量器具没有显示设备，标识将通过通信端口获取。

2. 算法和功能的正确性

计量器具中内嵌的计量算法和功能应正确（如模 / 数转换结果、价格计算、数据修改、测量不确定度评定等），并满足计量要求和用户需要。计量结果的附属信息应正确地显示或打印。

3.2.3 软件保护

软件保护要求中，JJF 1182—2007 与 IR46 的要求基本一致，但描述更详细、更全面。其主要内容包括预防误操作和防止欺骗性使用两方面。

1. 预防误操作

误操作是指由意外的物理或软件影响（系统崩溃、病毒感染），或用户对计量器具无意识的操作引起的法制控制下的部分程序或数据的更改。计量器具应通过软件保护使计量器具的误操作可能性降低到最小。

2. 防止欺骗性使用

防止欺骗性使用部分，JJF 1182—2007 主要做了 6 项功能要求，分别如下：

（1）负责计量功能部分的软件应能防止非法的修改、安装或更换存储体。举例来说，机架中应包含有特殊封印的存储体或者存储芯片被封死在印制电路板上。如果采用的存储体是可擦写的，写保护应被封死。存储芯片的硬件电路应考虑防止通过跳线或者短路方式导致的写保护失效，存储数据的加密方法不应是简单的加密方法。

（2）从用户接口输入的指令，在型式评价阶段提交的软件文档应有完整描述，只有文档中说明的功能才能被用户使用，同时，接口设计要避免用于欺骗性使用的目的。软件测试结构检测人员、计量管理人员有权决定这些指令能否被启动。

（3）设备专有参数分为两类，一类是固化的、不被改变的；另一类是经授权后可由软件开发者调节的输入参数。这些参数如果被改变，计量器具应处于特殊操作模式下。

（4）计量器具应具有机械封装或电子加密的防护措施，以记录数据访问的时间证据或防止非法访问。

（5）计量器具软件应有“电子校验和”验证。

（6）应采用第三方的信号与采集标准信号来对比验证软件可靠性。

3.2.4 硬件特性支持

硬件特性主要包括缺陷侦测支持和稳定性保护支持两方面。

在缺陷侦测支持方面，软件开发者可以自行设计检查策略，当某种故障被检测出时，计量器具应能够产生报警、故障自修复或停止计量。

在稳定性保护支持方面，软件开发者也可以自行设计检查策略，当有故障危及计量器具的计量稳定性时，计量器具应能够产生报警、故障自修复或停止计量。

3.2.5 其他特殊要求

随着信息技术的不断发展，基于IT技术的智能化计量器具数量越来越多，这些计量器具除了应满足JJF 1182—2007的4.3.1~4.3.4节中所要求的条件外，还应当在数据存储、数据通信、组件隔离、软件升级等方面做特殊处理，以满足计量器具的软件可靠性要求。

1. 数据存储

计量数据存储包含自动存储和长期存储两种要求，用于法制目的的最终测量值必须自动存储；用于长期存储的相关测量值和参数必须要有足够的存储容量，当存储容量不足时，可以删除某一段数据，但必须满足以下两个条件：

（1）删除数据时，应按照一定顺序原则，满足先入先出的原则，并且不能影响到其他应用。

（2）删除数据时，必须有特定的人工参与，确保被删除的数据是被认可的。

需要长期存储的数据，应通过软件保护的方法，保证数据的标识、数据产生时间，以及数据测量值的正确性、真实性和完整性。

2. 数据通信

计量数据的通信传输应包含必要的验证信息，以保证数据在传输系统中的真实性，如果计量数据在不安全的环境中存储或传输，在用作法制目的之前，应满足如下要求：

（1）至少应包含测量值、时间戳、设备标识、测量地点等，且不受信道延迟影响。

（2）从不安全的存储器或信道读取数据后，应使用软件方法检查数据合法性，确保标识、时间戳等数据的真实性和完整性，并丢弃非法数据。

（3）推荐采用高水平的加密方法保护重要的计量数据，加密强度应符合国家标准要求。要确保计量器具封印被破坏后，这些重要数据不能够被轻易读取或更改。

3. 组件隔离

组件隔离主要指计量系统（无论软件还是硬件）不能被其他未经授权的系统影响，如果整个系统既有计量部分又有非计量部分，应当做隔离处理。用来执行法制相关功能的组件或电子设备应当有标识，并含有文档说明，这样做的目的是软件测试机构、计量管理人员能够识别出这些功能是否完整，以便从更深层次评价计量系统的其他部分是否可以排除在法制计量部分之外。当有未经授权的命令访问相关接口时，访问动作不会对组件和设备的相关功能及数据产生影响。

3.3 Q/GDW 11680—2017《智能电能表软件可靠性技术规范》解读

3.3.1 标准原则

目前已有的智能电能表运行数据表明，依据技术标准进行的常规检测在一定程度上确保了智能电能表的供货质量，但无法排除智能电能表内在的隐性故障，有些厂家生产的智能电能表虽然通过层层质量检测，但在投运至现场后依旧发生故障，如电能量数据异常、计量误差超差等，这些故障多半属于智能电能表在典型现场工况下出现的潜在软件故障，一旦发生，就是同一软件批次的所有智能电能表的批量故障，给公司经济效益带来损失的同时，也损害了公司的优质服务形象。

Q/GDW 11680—2017《智能电能表软件可靠性技术规范》编制的主要目的是通过对智能电能表软件进行可靠性测试，规范智能电能表软件设计，提高可靠性，降低电能表软件故障的潜在风险。

3.3.2 圈复杂度及保护机制要求

圈复杂度（cyclomatic complexity）是一种代码复杂度的衡量标准，在软件测试的概念里，圈复杂度用来衡量一个模块判定结构的复杂程度，数量上表现为线性无关的路径条数，即合理地预防错误所需测试的最少路径条数。圈复杂度大说明程序代码可能质量低，且难于测试和维护，根据经验，程序的可能错误和高的圈复杂度有着很大关系。

如果一段源码中不包含控制流语句（条件或决策点），那么这段代码的圈复杂度为 1，因为这段代码中只会有一条路径；如果一段代码中仅包含一个 if 语句，且 if 语句仅有一个条件，那么这段代码的圈复杂度为 2；包含两个嵌套的 if 语句，或是一个 if 语句有两个条件的代码块的圈复杂度为 3。圈复杂度 = 判定节点数 +1，平均圈复杂度指 = 所有模块的圈复杂度之和 / 软件模块总数。

Q/GDW 11680—2017 对智能电能表软件程序提出了如下要求：

（1）软件模块的平均圈复杂度应不大于 10。

（2）软件模块的最大圈复杂度应不大于 80。

（3）软件模块的圈复杂度大于 10 但小于 40 的比例应不大于 30%，大于 40 的比例应不大于 10%。

定义了圈复杂度，相当于大体上规范了软件程序的复杂程度。然而，程序模块与模块之间的调用也可能存在变量越权访问、资源非法占用等风险。因此，软件程序中应包含如下保护机制：

（1）当中断服务程序和主程序共用同一全局变量或硬件外部

设备等全局共享资源时，应有互锁保护机制。

（2）当不同优先级中断服务程序存在嵌套，并共用同一全局变量或硬件外部设备等全局共享资源时，应有互锁保护机制。

（3）函数或子程序中不宜有递归和重入，若存在重入，应做相应保护措施。

在前次函数未执行完时，再次调用当前函数并能得到正确结果的函数称为可重入函数。不可重入的函数不应重入调用。例如，主程序在执行不可重入函数 A 时，中断中不应调用函数 A。

3.3.3　数据存储、备份与校验

智能电能表中的数据很多，Q/GDW 11680—2017 的附录 C 中按数据重要级别不同把数据分为 A、B、C、D 共 4 类等级，以指导软件设计人员进行软件设计。

A、B 类数据在非易失性存储器中最少有 2 份数据，即主存储区和备份区，宜具有纠错功能，即如果一份数据错误，智能电能表应能自动从另一份的数据恢复。软件程序应满足如下要求：

（1）A、B、C 类数据应保存于非易失性存储器中，应有校验码用于数据正确性检测，校验算法不应仅使用单字节校验和方式。

（2）A、B 类数据在非易失性存储器中应有备份，宜具有纠错功能。

（3）不应使用受损且未恢复的数据。

3.3.4　费率、阶梯、时段处理

智能电能表软件在进行费率查询操作时，应先判断时钟和如下相关参数的合法性，并应满足如下要求：

（1）查询费率时，应按 Q/GDW 11680—2017 的附录 D 中规定的原则判断时钟是否异常。

（2）使用节假日、周休日、时区表、时段表时，应判断参数的合法性。

智能电能表软件在进行阶梯查询操作时，应先判断时钟和如下相关参数的合法性，并应满足如下要求：

（1）查询阶梯时，应按 Q/GDW 11680—2017 的附录 D 中规定的原则判断时钟是否异常。

（2）查询阶梯时，应进行参数的合法性判断。

智能电能表软件在进行时区表、时段表、费率表、阶梯表切换操作时，应先判断时钟和如下相关参数的合法性，并应满足如下要求：

（1）时区表、时段表、费率表、阶梯表切换前，应按 Q/GDW 11680—2017 附录 D 的原则判断时钟是否异常。当时钟数据异常且不能恢复时，应上报错误，不切换。

（2）时区表、时段表、费率表、阶梯表切换前，应先判断参数的合法性。当出错无法恢复时，应上报错误，不切换。

3.3.5 智能电能量计算处理

智能电能表软件程序在计量电能量时，有两种途径处理计量芯片的数据：一种是数脉冲方式，即查满 1200 个脉冲累计为 1 度电；另一种是读能量寄存器方式，即读取计量芯片中能量寄存器中的数值。

在电能量处理方面，数脉冲方式的软件程序应具备如下要求：

（1）在施加的功率方向固定的情况下，智能电能表应在 3s 内确定脉冲的电能量方向。

（2）电能量或脉冲累加前应确认待修改数据的有效性。

（3）电能量累加前应判断脉冲常数的正确性。

（4）脉冲累计时应检查费率号的正确性。

在电能量处理方面，读能量寄存器方式的软件程序应具备如下要求：

（1）读能量寄存器的周期不宜大于 3s。

（2）每次电能量累加应判断电能量的方向。

（3）电能量累加前应确认待修改数据的有效性。

（4）电能量累加前应判断脉冲常数的正确性。

（5）电能量累计时应检查费率号的正确性。

3.3.6　非易失性存储器处理

非易失性存储器是指当电流关掉后，所存储的数据不会消失的存储器件。在智能电能表软件程序设计中，开发者普遍采用 C 语言或者汇编语言，与硬件结合非常密切，因此存在存储器超出可擦写寿命、地址越界等错误。所以在设计软件策略时需要考虑存储器写入间隔，在智能电能表的生命周期内不应出现写入次数超过擦写次数的情况；存储器写操作处理时程序需要增加防止非法写入的代码和非法地址禁止写的容错处理；软件设计时还需要考虑写入数据与定义的存储空间边界问题，防止超出边界。具体应满足如下要求：

（1）存储器写入次数不能超过全温度范围的最低擦写次数。

（2）存储器写操作的处理，宜有防止子程序非法调用造成数据被破坏的机制。

（3）写入数据不应超出定义的存储边界。

3.3.7　程序存储器及看门狗处理

为防止程序飞走到未填充区域，导致误写或误动作，从而导致硬件损坏，建议未用的程序存储器单元应填充不引起程序或 MCU 异常的数据，如单字节空操作指令。

程序的中断功能也应做防护，定时校验与中断相关的寄存器，以避免未启用的中断误开启。对于未用的中断，其中断向量应指向确定的位置，中断服务程序应采用不会引起异常运行的操作；未用的中断应将其关闭，同时对寄存器采用定时校验，定时校验的时间不大于 60min。

合理设计看门狗复位时间和喂狗位置，以确保系统能正常运行。如果系统只支持 1 个看门狗，建议在主循环里清零看门狗；如果系统能支持多个看门狗，建议在主循环和中断里分别清零不同的看门狗。

3.3.8　本地费控智能电能表扣费

本地费控智能电能表扣费具体应满足如下要求：

（1）扣费前应先验证当前阶梯值、费率号、费率电价、阶梯电价的正确性，可以定时验证或使用前验证，扣费前无法得到合法的扣费金额则本次不扣费。

（2）扣钱包文件宜使用带校验和扣费的APDU（application protocol data unit，应用协议数据单元）命令。

（3）未使用带校验和扣费命令，应有确认机制。

3.3.9 通信处理

智能电能表通信分为智能电能表与外部通信和MCU与外设通信两种，外部通信是指红外、模块、485等。程序应对涉及的寄存器和状态机有监视及纠错机制，模块接口如果连续36h无数据收发，应对模块进行复位，以避免模块因死机造成通信异常。

智能电能表与外部通信应满足如下要求：

（1）各通道收发缓存及状态机应保证互不干扰。

（2）接收缓存应避免越界造成数据错误。

（3）应有通信相关寄存器及状态机工作状态监视功能，出现异常时能及时恢复。

（4）正常供电下，模块通信接口连续空闲超过36h后应有定时复位机制，防止模块因死机造成通信异常。

MCU与外设通信应满足如下要求：

（1）应定时监视通信接口寄存器配置，出错后能自动恢复。

（2）通信数据宜使用硬件校验机制。

（3）同一总线上有多个器件时，应避免多个器件相互干扰。

3.3.10 嵌入式安全控制模块处理

嵌入式安全控制模块（Embedded Secure Access Module，ESAM）实质为双列直插式封装（Dual Lnline Package，DIP）或者小外形封装（Small Outline Package，SOP）的CPU卡芯片，被用于电能表中作为钱包使用，存储充值及消费金额，以及其他一些重要的参数，同时具有身份识别功能，与外部卡片进行双向身份认证。ESAM接口分为7816和同步串行接口(synchr onized serial interface，SPI)方式，7816复位通过电源控制及RESET引脚来实现，SPI方式采用电源控制来实现。若连续 3 次以上操作 ESAM 无响应，则判定 ESAM 故障。对 ESAM 的处理，应满足如下要求：

（1）应严格遵循 ESAM 接口的时序和要求。MCU 与 ESAM 的操作流程应严格按照智能电能表系列标准的相关规定执行。

（2）当连续多次软复位 ESAM 均出错时，应对 ESAM 进行硬复位处理。

（3）在 ESAM 异常无法恢复的情况下，除 ESAM 对应的功能外，其他功能应正常运行，同时上报 ESAM 故障。

3.3.11　上电处理

智能电能表上电过程是一个不稳定状态，同时也是参数初始化的一个过程，上电过程应重点考虑系统软件处理、对 MCU 内的随机存储器（random access mermory，RAM）操作、对计量芯片与时钟芯片的正确操作，以确保智能电能表能够安全稳定地进入正常计量状态。程序初始化操作应满足如下要求：

（1）当上电初始化程序有不同的执行路径时，程序进入各路经分支的条件编码应具有适当的码距，以提高抗干扰能力，防止进入错误路径。

（2）当初始化程序具有初次上电初始化路径时，初始化程序应有保护措施，以确保在非初次上电时程序不进入该路径执行。

上电初始化过程中应校验 RAM 中保存的 A、B、C 类数据，如果校验不通过，则需要从非易失性存储器中恢复备份数据。程序对 RAM 的操作应满足如下要求：

（1）应对存储在 RAM 中的 A、B、C 类数据及保证程序正确执行的运行数据等进行正确性检验。

（2）当 RAM 中的数据被破坏时，相关数据应能够从非易失性存储器中恢复。

上电过程中，对计量芯片的操作应使用正确的校表参数重新设置计量芯片的校表寄存器和控制寄存器，初始化完成后再打开计量功能。

上电过程中，应根据对时钟芯片的操作，判断时钟数据的正确性。若数据不正确，则按时钟异常处理流程执行。

3.3.12 正常供电时处理

1. 电能量存储处理

智能电能表上电后，表计开始进入正常的计量功能，此时核心的任务就是保证电能量数据转存的可靠性，重点应考虑电能量存储与备份、数据同步、时钟的可靠性、计量芯片重要参数监控等程序模块的处理。

电能量作为智能电能表最为重要的数据，在极端情况下可能导致 RAM 中电量数据失效，因此应将电能量定时或者定量存入非易失性存储器。软件程序中电能量存储处理模块应满足如下要求：

（1）电能量应定时或定量存储到非易失性存储器中。

（2）单相电能表存储电能量间隔应不大于 1kWh。

（3）三相电能表存储电能量间隔根据准确度等级不同，设置不同的最大存储电能量间隔，如表 3–1 所示。

（4）电能量数据应有备份机制。

（5）电能量数据应有检查和纠错机制。

表 3–1 三相电能表的准确度等级与最大存储电能量间隔

准确度等级	最大存储电能量间隔 /（kWh/kvarh）
1	1 （直接式接入）
	0.1 （经互感器接入）
0.5S	0.01 （经互感器接入）
0.2S	0.01 （经互感器接入）

现有单相电能表的非易失性存储器多数采用 EEPROM。EEPROM 的编程次数不能超过 EEPROM 芯片数据手册内标注的次数，常规 EEPROM 推荐编程次数不超过 100 万次，智能电能表的使用有效时间不低于 10 年。因此电能量存储时，也要考虑存储器的编程寿命。

电能量至少在非易失性存储器中保存两份，即主存区和备份区各一份，且两者地址不宜连续。例如，电能量数据在RAM和非易失性存储器中均应带有校验码，在使用和存储时应先进行校验。当RAM区电能量数据校验不正确时，在电能累计前，应能及时从非易失性存储器中恢复。

2. RAM与非易失性存储器的同步

RAM区中的A、B、C类数据应和非易失性存储器中的数据保持同步，防止出现在受到干扰情况下数据混乱。具体应满足如下要求：

（1）当RAM区A、B、C类数据异常时，应具有从非易失性存储器恢复机制，恢复前应确认数据源的有效性。

（2）RAM中保存的A、B类数据在使用前，应先验证RAM区数据的正确性。如果不正确，应从非易失性存储器中进行恢复，恢复后再使用。

（3）修改RAM中保存的A、B类数据时，当待修改数据仅是受保护数据的局部时，应先验证RAM区数据的正确性。如果不正确，应从非易失性存储器中进行恢复，恢复后再修改。

（4）带备份的数据，在同步非易失性存储器时，应更新主存储区和备份区。

（5）本地费控智能电能表电能量、扣费数据应同时同步。

（6）RAM中电能量数据在显示、被通信读出前，如果发生了改变，应先同步到非易失。

当RAM中数据异常时，先验证非易失性存储器中主存区数据的正确性，在主存储区数据正确的情况下再恢复到RAM中，若主存储区数据也不正确，则验证非易失性存储器中备份区数据的正确性，在备份区数据正确的情况下再恢复到RAM和主存储区。

在使用RAM中A、B类数据时，应先进行数据校验验证，如果不正确，则从非易失性存储器中进行恢复，恢复后再使用。

带备份的数据，在同步非易失性存储器时，应在一个程序循环周期内完成主存储区和备份区的同步。

3. 费控相关的同步

扣费机制涉及MCU、非易失性存储器、ESAM三者的数据交互，应满足如下要求：

（1）RAM中的扣费信息应定时或定量存储到非易失性存储器中，且对应电能量数据应同时同步。

（2）剩余金额不应出现回退。

（3）当更新ESAM剩余金额后，RAM、非易失性存储器和ESAM中剩余金额应保持一致。

RAM中的电能量和剩余金额在存储到非易失性存储器中时，应在一个程序循环周期内完成。

RAM区每0.01 kWh扣费一次；非易失性存储器的剩余金额同步扣费间隔不大于1kWh，掉电时需扣费同步一次；如果掉电时没有同步，上电时应同步一次；ESAM扣费不小于15min同步一次。

更新ESAM剩余金额时，应同时将RAM中剩余金额和电能量与非易失性存储器同步。

剩余金额不应回退是指液晶视值和存储中不能出现未充值的情况下剩余金额变多的情况。本地表宜有0.01kWh的存储电量。

4. 时钟芯片相关操作

程序应能剔除表3-3中第3、4项列出的异常值，在5min内恢复时钟到正常值。若时钟在出现异常值后的60min内连续3次恢复不成功，则应上报时钟故障。

软件方案中如果使用了时钟芯片提供的中断信号作为中断源，当时钟芯片的寄存器数据被破坏时，会引起时钟芯片不能向MCU提供中断信号，此时软件应能够在3个中断周期内判断出中断异常，并能恢复正常中断。

程序应监测时钟芯片的参数寄存器、状态寄存器及控制字寄存器，当发现参数值与设置不符时，应能在5min内恢复到正确参数值，不宜无条件地重新写入控制字寄存器。

寄存器在写的过程中可能出错，所以在参数正确的情况下不宜重新写入。例如，RX8025 12\24 小时制控制寄存器，在闰年、闰月、小时等切换条件下无条件地写入控制字，会出现时钟数据与期望不一致的情况。

当时钟芯片的温度补偿需要 MCU 参与时，应对输入到时钟芯片的温度补偿参数进行合法性检测，避免错误的补偿参数写入，导致时钟误差增大。

5. 计量芯片相关操作

计量芯片控制寄存器错误，可能导致整个计量模式出错；计量芯片校表参数寄存器错误，会导致计量误差超差。

采用数脉冲计量电能的方案，当受到静电或脉冲群等干扰时，在电能表计量芯片与 MCU 间的线路上易产生尖峰杂波，因此不能仅靠脉冲沿进行脉冲计数，必须进行脉冲宽度有效性判断。具体应满足如下要求：

（1）有效脉冲宽度：最小脉冲宽度为（30 ± 5）ms，最大脉冲宽度为（80 ± 16）ms。

（2）在正常供电运行时，应检测脉冲有效性，不应丢掉一个有效脉冲，不应多计一个无效脉冲。

采用读寄存器计量电能的方案，程序中应根据计量芯片的能量寄存器有效值的位数和设计的最大计量范围进行异常值限定。具体应满足如下要求：

（1）程序应能发现和剔除计量芯片中能量寄存器中偶发的异常值，且能量寄存器的偶发异常值被剔除后，不影响随后的计量。

（2）电能量采用读累加方式计量时，程序不应采用能量寄存器的值直接刷新 RAM 中相应电能量存储区的方式。

（3）采取读后清零寄存器方式读取能量寄存器时，程序应有数据传输可靠性确认机制。

（4）采取读后不清零寄存器方式时，应注意计量芯片能量寄存器的溢出，溢出后电能量应能正常累加。

（5）电能量不宜使用读累加的方式计量。

（6）应适时检测控制寄存器，当控制寄存器发生变化时，应能在 60s 内恢复正确值。

（7）应适时检测计量芯片的校表参数寄存器，当校表参数寄存器发生变化时，应能在 60s 内恢复正确值。

（8）若计量芯片具有写保护功能，在修改校表参数后，应使计量芯片处于写保护状态。

3.3.13 掉电处理

MCU 在掉电情况下，应及时将重要数据保存到非易失性存储器中，用于上电恢复的重要数据，在掉电保存时宜使用单独存储区存储。因掉电保存情况复杂，重要数据在掉电时与正常工作时保存的位置相同，有可能会造成原数据损坏，因此，建议掉电保存数据与供电正常运行时保存的数据区域分开。

3.3.14 故障处理

1. 计量芯片故障处理

当计量芯片发生故障时，应满足如下要求：

（1）当计量芯片的校表参数和存储在存储器中的校表参数同时损坏，且无法重置计量芯片时，应记录时间和上报错误，并按校表默认值重置计量芯片的校表寄存器。在此故障下，液晶显示按故障前的电能量值显示，本地费控智能电能表不扣费，形成从故障时间开始到换表前累计的电能量的事件记录，且不应覆盖故障前的电能量值；当发现计量芯片中的参数损坏，且存储在存储器中的相应参数也损坏时，形成事件记录，上报错误，等待主站或手持终端设备重设参数，在参数正确重设后，再重设计量芯片寄存器。最后记录恢复时间，计量芯片正常工作。

（2）当计量芯片故障或 MCU 与计量芯片通信故障致使无法重置校表参数，或无法读取计量寄存器值时，应停止计量、记录时间、上报错误，形成事件记录，说明硬件故障的处理情况。

2. 费率和阶梯故障处理

费率和阶梯故障处理，应满足如下要求：

（1）节假日、周休日时段表损坏且不能恢复时，应形成事件记录并上报，等待参数重设，在参数重设前，不做节假日、周休日处理。

（2）当时钟数据异常导致不能确定当前费率号时，应形成事件记录并上报，等待时间重设，在时间恢复正常前，费率号不变。

（3）当时区表数据异常无法确定费率号时，应形成事件记录并上报，等待时区表重设，在时区表恢复正常前，时段表号不变。

（4）当时段表数据异常无法确定费率号时，应形成事件记录并上报，等待时段表重设，在时段表恢复正常前，费率号不变。

（5）当阶梯参数异常不能得到阶梯值时，应形成事件记录并上报，等待重设，在数据恢复正常前，本地费控智能电能表不应扣减阶梯电价。

若时区、时段、费率在查询不到有效值，则采用当前费率；若当前值无效，则默认第一时区、第一时段或第一费率。

3. 费控参数数据恢复

费控参数数据恢复应满足如下要求：

（1）RAM 区扣费信息数据异常，非易失性存储器扣费信息数据正常，应以非易失性存储器中为准恢复 RAM 区数据。

（2）RAM 区剩余金额数据异常，非易失性存储器剩余金额数据异常，应以 ESAM 中数据为准恢复 RAM 区和非易失性存储器中数据。

（3）RAM 区剩余金额数据正常，非易失性存储器剩余金额数据正常，但不满足 RAM 区≤非易失性存储器≤ ESAM 的要求，应以剩余金额小的为准同步 3 个存储位置的数据。

3.3.15　重要数据项及时钟数据非法判断原则

表 3–2 为 A、B、C、D 类数据项分类，表 3–3 为时钟数据非法判断原则。

表 3–2　A、B、C、D 类数据项

类别	数据项
A 类数据	计量相关参数、与计量数据相关的指针索引类数据，包括但不限于电能量、最大需量、脉冲尾数、校表参数、脉冲常数、需量周期、滑差周期
B 类数据	结算及冻结相关参数、费控相关参数，包括但不限于特征字及模式字、结算日及冻结参数、钱包文件、金额、时区表、时段表、开户状态、卡片序列号、本地费控智能电能表金额相关参数、负荷开关相关参数
C 类数据	通信参数、事件记录相关参数、负荷记录相关参数、事件类及负荷记录指针索引数据、节假日及周休日相关参数
D 类数据	其他数据

表 3–3　时钟数据非法判断原则

序号	内容
1	上电时读出的时钟数据小于停电时刻记录的时间，判定为异常
2	上电时读出的时钟数据大于停电时刻记录时间 100 日，判定为异常
3	正常供电时读出的数据偏差大于理论值 60s，判定为异常
4	格式错误，即读出的时钟数据，其年、月、日、时、分、秒的值出现非法编码或超出其应有范围，判定为异常

3.4　基于密码技术的智能电能表软件备案与比对

智能电能表软件应具备上述技术规范中的可靠性要求，其中最重要的环节是软件备案，软件备案可以对智能电能表的软件版本进行控制，保证智能电能表送检环节与供货投运环节的软件一致性，防范智能电能表运行的风险，智能电能表生产企业在送检时必须进行软件备案。由于智能电能表软件源程序是制造企业的技术秘密，其版本管理通常在企业内部实现，在对软件源程序进行存档备案时必须保证其机密性和完整性，因此要考虑到软件版本保存在第三方单位时不被泄密的风险。本节介绍以智能电能表微控制器的两种架构类型为切入点，分析不同 MCU 的程序存储和寻址方式，通过引入密码技术，分别设计内嵌安全存储模块（embedded security access module，ESAM）和未嵌 ESAM 的智能电能表的软件加密工作流程。

3.4.1　智能电能表软件比对处理方法

现有智能电能表所采用的 MCU 主要以 8 位或 16 位单片机为主，指令集架构分为复杂指令集（complex instruction set computer，CISC）和精简指令集计算机（reduced instruction set computer，RISC）。CICS 是冯·诺依曼架构，机器的存储器操作指令多，操作程序存储器直接，软件程序读出不受限制；RISC 是哈佛架构，机器对存储器操作有限制，软件程序读出受限制。

智能电能表采用 CISC 架构的 MCU 有 Intel8051 系列、飞思卡尔 MC9S 系列、日本瑞萨的 R5F 系列、复旦微电子的 MCU 等。这些类型的 MCU 已通过测试，程序存储空间连续，程序进行软件比对处理方便。

智能电能表采用 RISC 架构的 MCU 有 Microchip 公司的 PIC 系列、NEC 的 78F 系列、ST 公司的 STM32 系列等。该类型的 MCU 在测试中发现，其程序存储器空间不连续，存在地址复用的问题，即多段程序代码共用统一地址空间，通过块（存储器组 Bank）的方式进行选择。由于地址空间不连续，导致程序比对软件处理起来比较困难。

对于 CISC 架构的单片机可以直接从存储器中读出并进行比对，对于 RISC 架构的单片机由智能电能表程序根据相对地址自行评价后进行比对。

下面以日本电气股份有限公司（NEC）的 78F 系列单片机为例说明 RISC 架构 MCU 的处理方法。如图 3-1 所示，NEC 单片机的程序存储空间 8000H~C000H 由多块（存储器组 Bank）地址空间复用，选中 Bank1 时，Bank1 占用 8000H~C000H 存储器空间，以此类推。

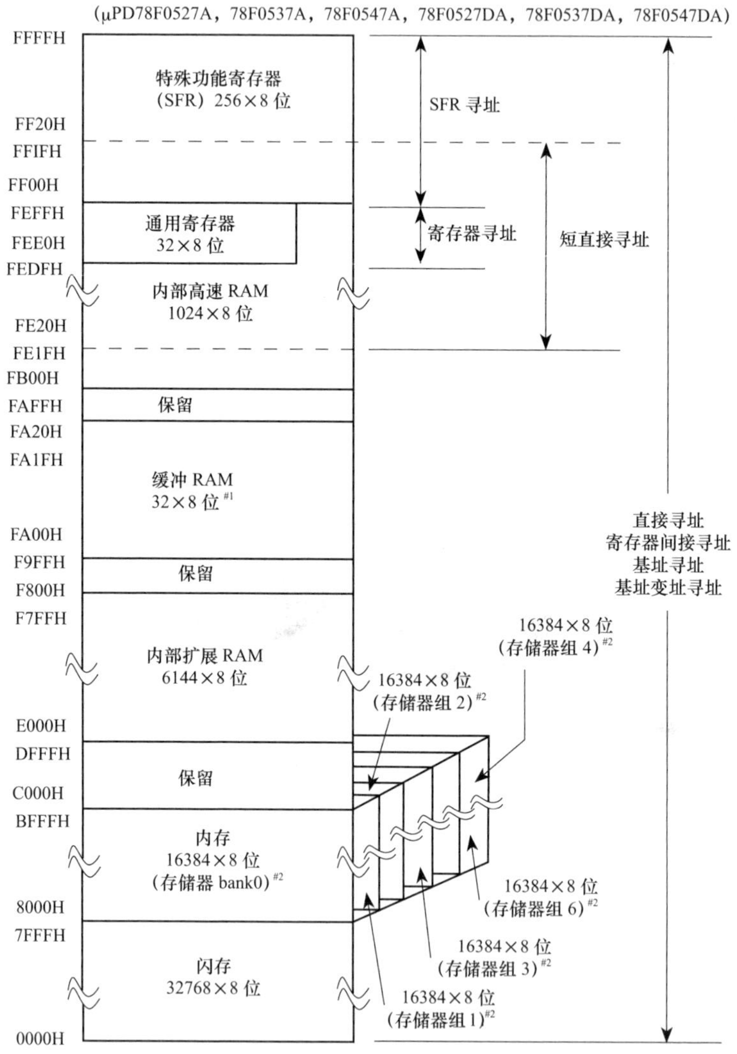

图 3-1 数据存储空间与寻址方式的对应关系

注：1. 缓冲 RAM 仅在 μPD78F0547A 和 78F0547DA（78K0/K2）中存在。在 μPD78F0527A、78F0537A、78F0527DA 和 78F0537DA 中区域 FA00~FA1FH 不可用。

2. 如果要转移到一个存储器组或对该存储器组寻址（该存储器组没有根据存储器组选择寄存器（Bank）进行设置），则要使用 Bank 先对该存储器组进行设置。

当程序比对软件对8000H~C000H存储器空间的程序进行比对时，智能电能表程序就自动选中Bank进行比对；当程序对C000H~10000H存储器空间的程序进行比对时，智能电能表程序就自动选中Bank1进行比对；当对10000H~14000H存储器空间的程序进行比对时，智能电能表程序就自动选中Bank2进行比对。采用这种方式，程序比对软件不用关心智能电能表MCU所采用的是CISC架构还是RISC架构的单片机，均可进行软件程序比对。

3.4.2　软件备案与比对方案设计

软件备案指的是对检验合格的智能电能表，由智能电能表制造企业提供软件源程序，经过源程序与样表内目标程序匹配验证后，形成备案文件并进行归档的过程。软件比对是对智能电能表内软件与备案文件的一致性进行验证的过程，目的是使用加密技术对智能电能表源程序存档以备检查与核验。

由于智能电能表软件源程序是制造企业的技术秘密，在对软件源程序进行存档备案时必须保证其机密性和完整性，因此实施备案时要加入密码技术，保证软件源程序不被窃取和破坏。目前可依托已投运的用电信息密钥管理系统为软件备案系统提供应用密钥，再利用智能电能表内部已有的ESAM来完成源程序加密，加密使用的对称密码算法是由国家密码管理局推荐的国密SM1对称密码算法，且加入企业自定加密因子，以保证整个备案过程源程序都是安全的，且加密最终产生的源程序密文不会被企业之外的任何人窃取和破解。

整个过程如下：智能电能表制造企业在拿到某款智能电能表检测合格报告后，携带智能电能表源程序和检测合格样表进行软件备案和比对。一方面将智能电能表源程序复制到计算机中，编译生成目标代码，通过加密机对指定存储区域的目标代码形成密文1；另一方面，发送指令给全性能检测合格后的智能电能表样表，通过智能电能表中的ESAM模块对相同存储区域的目标代码加密生成密文2，若密文1与密文2验证结果一致，说明智能电能表制造企业现场编译的软件和检测合格样表中的软件版本一致，将密文 1 留存并生成正式备案文件，发送给检测部门，用于招标智能电能表软件供货前的版本控制。工作原理如图 3-2 所示。

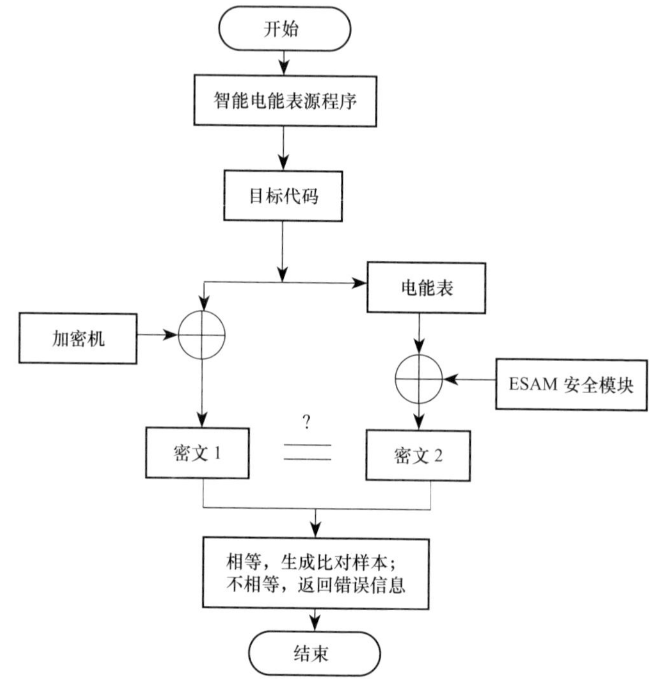

图 3-2　软件备案与比对工作原理

3.4.3　内嵌 ESAM 的智能电能表软件程序加密工作流程

内嵌 ESAM 智能电能表首先通过智能电能表通信协议指定的比对因子起始地址获得比对因子数据，利用 ESAM 模块的对称密码算法获取程序加密密钥，然后在指定的代码起始地址获取智能电能表程序明文，利用程序加密密钥加密成智能电能表程序密文，最后通过规约返回。内嵌 ESAM 的智能电能表软件程序加密原理图如图 3-3 所示。

内嵌 ESAM 的智能电能表软件程序加密工作流程如图 3-4 所示，分为身份认证和程序加密两个步骤完成。

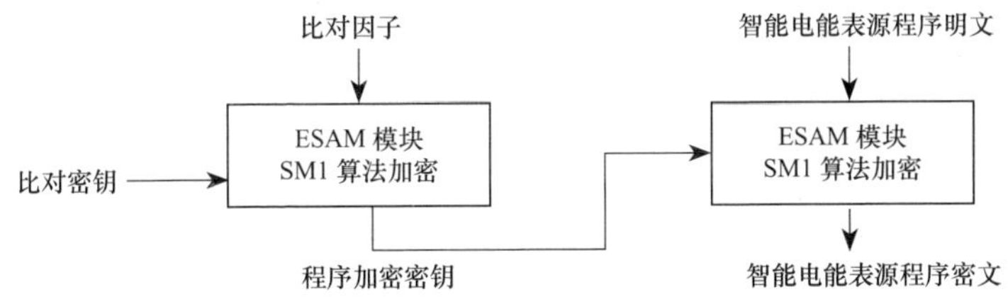

图 3-3 内嵌 ESAM 的智能电能表软件程序加密原理图

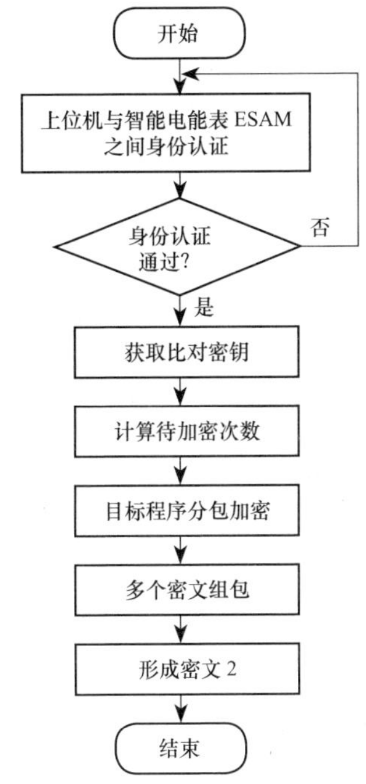

图 3-4 内嵌 ESAM 的智能电能表软件程序加密工作流程

3.4.4 未嵌 ESAM 的智能电能表软件加密工作流程

未嵌 ESAM 的智能电能表不需要进行身份认证，且没有密码算法和密钥参与，从指定地址开始获取部分程序并经过加密变换形成比对因子，再由比对因子对待加密程序进行变换得到智能电能表程序密文。未嵌 ESAM 的智能电能表软件程序加密的工作流程如图 3-5 所示。

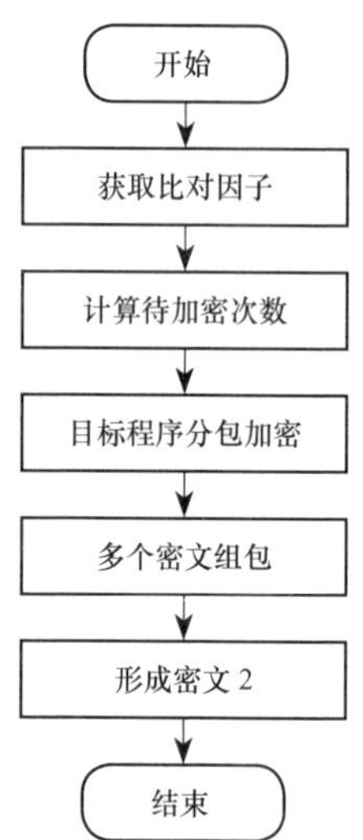

图 3–5　未嵌 ESAM 的智能电能表软件程序加密工作流程

需要注意的是，上述两种加密过程中，对于数据的分包要遵循补位的规则：若待加密数据单元中数据个数不足规定字节，则先补结束符 0X80，剩余字节补 0X00。比对因子和待加密数据均遵循此规则。

3.4.5　智能电能表软件比对系统设计

软件备案及比对系统采用的是服务器 / 客户端工作模式，主要由 4 部分组成，即备案程序加密系统、软件备案管理系统、智能电能表软件备案比对装置和检测部门软件比对装置，系统网络结构如图 3–6 所示。备案程序加密系统负责对智能电能表制造企业送检智能电能表目标程序进行管理，输入软件备案所需的备案信息，转换并加密软件备案程序，保证送检目标程序的安全性。

软件备案管理系统负责对备案样本进行管理，导入样本文件到数据库并打印备案信息表，查询软件备案的整个执行过程。

智能电能表软件备案比对装置负责对送检的智能电能表程序进行比对，生成并打印软件比对报告。已生成的比对样本通过信息内网传递到下一级检测部门。

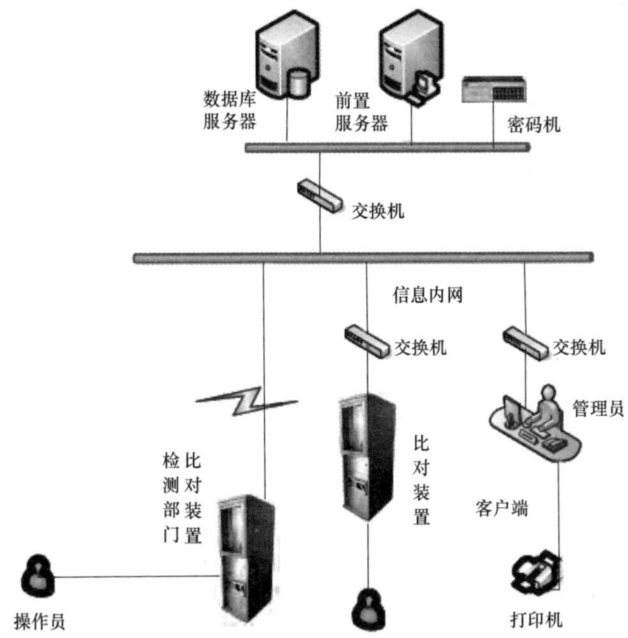

图 3-6　软件备案及比对系统网络结构

检测部门智能电能表软件比对装置负责对供货前、到货后、运行中的样品电能表软件进行比对试验，查询比对样本并上传比对测试结果。

第 4 章　MCU 核心板设计指南

MCU 核心板中的重要部分是智能电能表的 MCU，里面灌装智能电能表软件程序，是被测对象，MCU 核心板通过 128PIN 接口与软件检测装置相连。为了便于测试人员设计、制造 MCU 核心板，本章介绍 MCU 核心板的制作方法。

4.1　MCU 核心板组成及结构

4.1.1　MCU 核心板组成

MCU 核心板与检测装置共同构成了智能电能表软件的运行环境。连接示意图如图 4-1 所示。

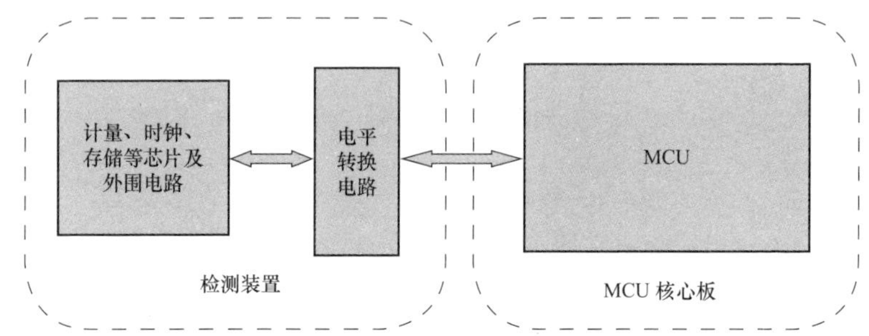

图 4-1　MCU 核心板与检测装置连接示意图

MCU 核心板由 MCU、液晶显示模块、有功脉冲灯、无功脉冲灯、跳闸指示灯等组成。智能电能表所用的存储芯片、计量芯片、ESAM 芯片、485 芯片、时钟芯片、时钟电池、抄表电池、卡模块、红外通信模块等均由软件检测装置模拟。MCU 核心板内部结构示意图如图 4-2 所示。

检测装置提供电平转换电路，电平转换采用德州仪器（Texas Instruments，TI）公司的芯片 TXS0108E。检测装置的所有输入与输出均通过该芯片与 MCU 核心板连接。在设计 MCU 核心板时，请参照 TXS0108E 芯片手册的条件约束。MCU 核心板与检测装置之间接口示意图如图 4–3 所示。

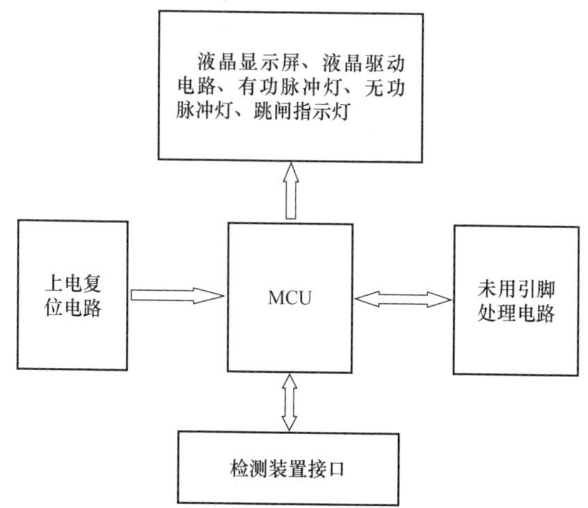

图 4–2　MCU 核心板内部结构示意图

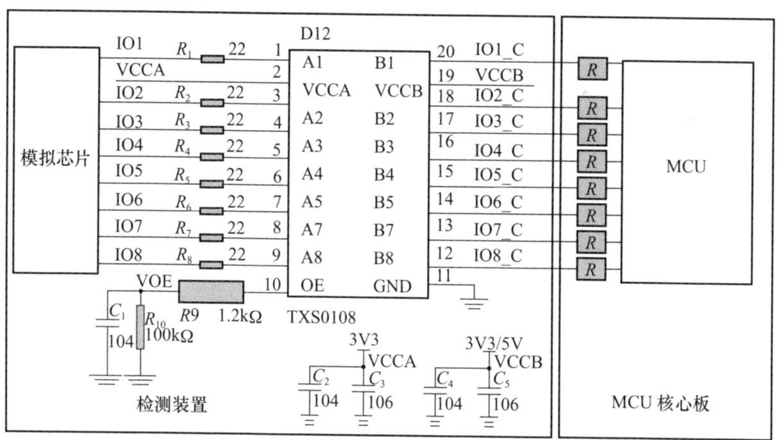

图 4–3　MCU 核心板与检测装置之间接口示意图

目前转换芯片内部包含上拉电阻，在设计 MCU 核心板时，可根据自身情况选择添加限流电阻和上拉电阻，参照图 4–4 所示，当需要添加限流电阻和上拉电阻时，应方便电阻通断。MCU 核心板与检测装置之间的连线不能加入电容、光耦等元器件。

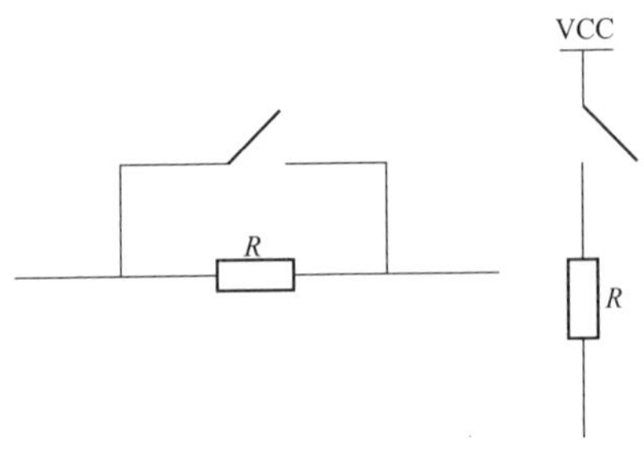

图 4-4　元器件连接示意图

4.1.2　MCU 核心板结构

MCU 核心板印制电路板尺寸为 154.16mm × 87.9mm（见图 4-5），液晶焊接在 MCU 核心板的正面。MCU 核心板的背面采用 4 个 32PIN 单排插针连接到检测装置，插针引脚间距为 2.54mm，插针的高度范围为 5.5~10.0mm。MCU 核心板背面元器件的高度不能高于插针高度。插针组 JP1 的两排插针之间不要焊接元器件，插针组 JP2 的两排插针之间也不要焊接元器件。MCU 核心板正面丝印层需标注使用管脚编号和名称，正面插针需突出一定长度，以便于信号测量。

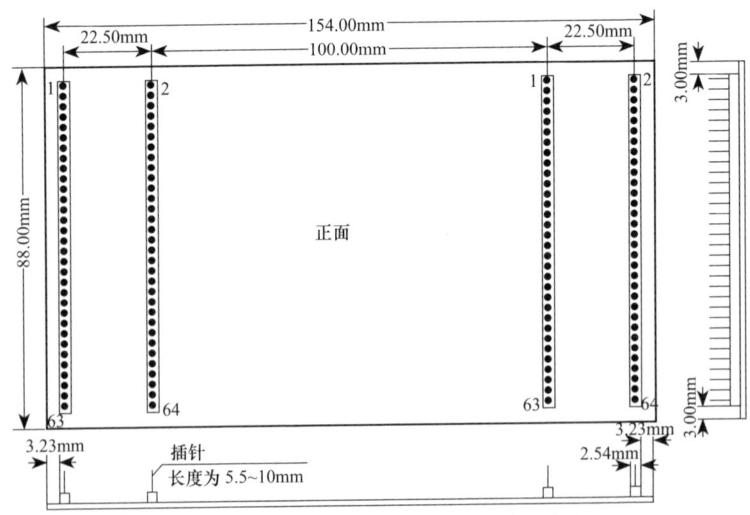

图 4-5　MCU 核心板结构图管脚接口定义

对于 MCU 核心板来说，检测装置可以认为是一款外围芯片组。此芯片组提供 128 个管脚，引脚功能示意图如图 4–6 所示。

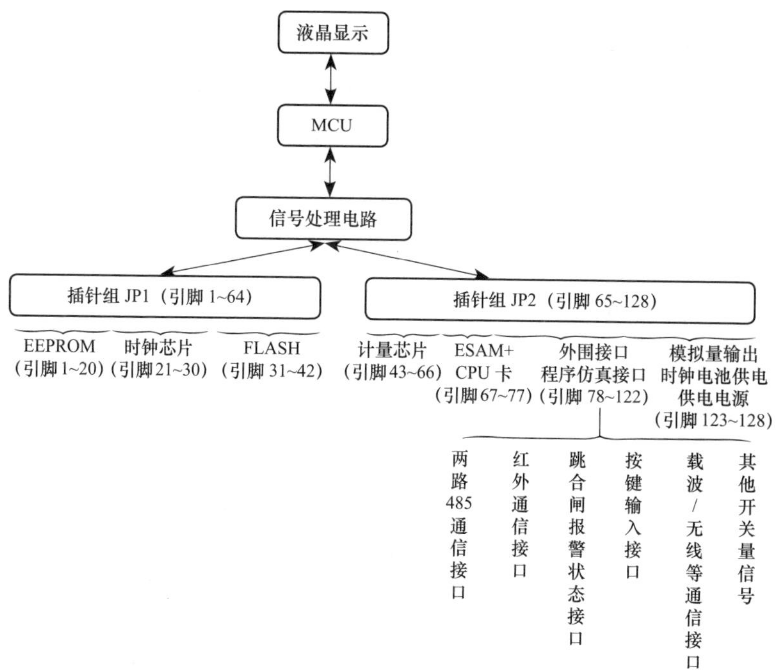

图 4–6 外围芯片组引脚功能示意图

4.1.3 MCU 核心板供电

MCU 核心板供电部分包括 MCU 核心板供电电源、抄表电池供电、模拟量输出。供电参数如表 4–1 所示。时钟芯片电池接口示意图如图 4–7 所示。

表 4–1 MCU 核心板供电

分　类	电压范围 / V
MCU 核心板供电电源	0~10
抄表电池供电	0~3.6
模拟量输出	0~7

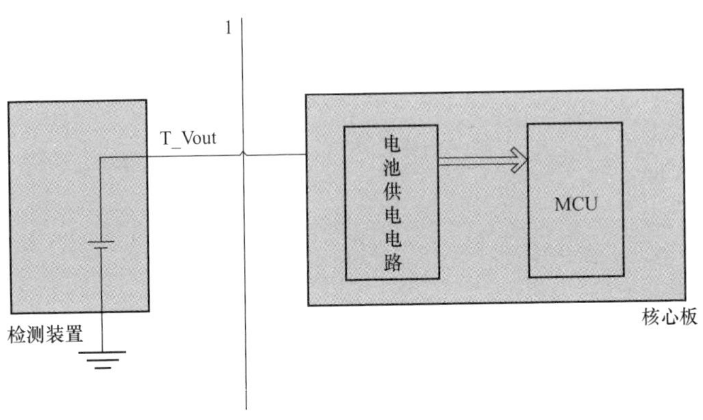

图 4-7　时钟芯片电池接口示意图

4.2　MCU 核心板接口设计

4.2.1　外围接口

外围接口模拟了智能电能表外围交互的部件，包括卡接口、RS485 接口、红外接口、载波模块接口、按键、跳合闸及报警控制信号线、端钮盖 / 开盖检测按钮等。各模块的接口连接如下：

卡接口：检测装置提供卡接口与 MCU 核心板通信。其连接示意图如图 4-8 所示：

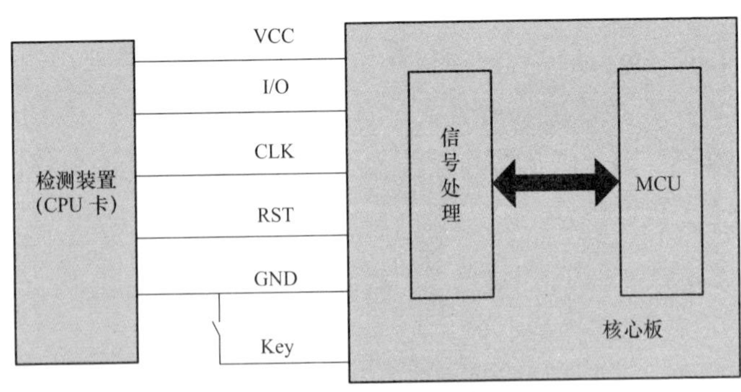

图 4-8　卡接口连接示意图

RS485 接口：检测装置提供 2 路 RS485 接口通道与 MCU 核心板通信。MCU 核心板将连接到检测装置 RS485 接口的输入、输出。

其连接示意图如图 4–9 所示。字节传输格式如图 4–10 所示，空闲状态为高电平，以低电平作为起始位开始一个字节的传输。

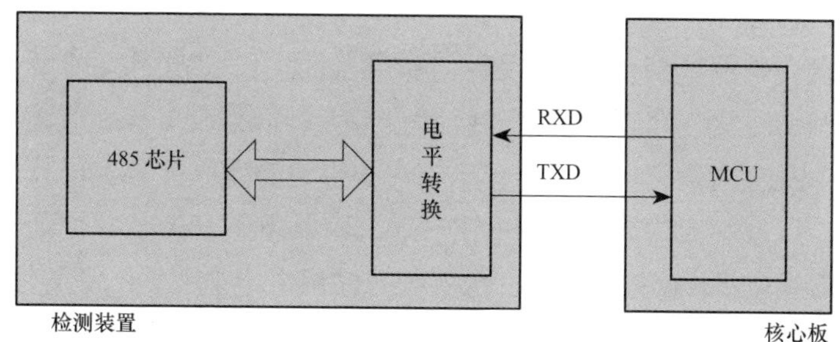

图 4–9　RS485 接口连接示意图

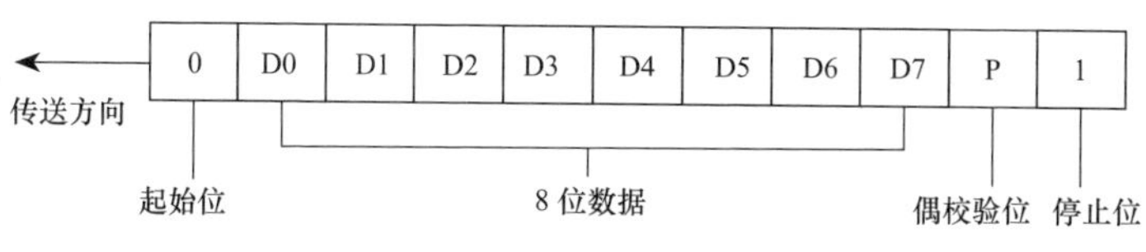

图 4–10　字节传输格式

红外接口：检测装置提供 1 路红外接口通道与 MCU 核心板通信。MCU 核心板的红外通道与检测装置之间采用标准串口通信方式，若厂家 38kHz 载波频率是通过 MCU 的 I/O 口内部调制实现的，则需通过硬件电路将其解调为标准串口通信方式。红外接口连接示意图及字节传输格式与 RS485 通道相同。

载波模块接口：检测装置提供 1 路载波模块接口通道与 MCU 核心板通信。其连接示意图如图 4–11 所示。

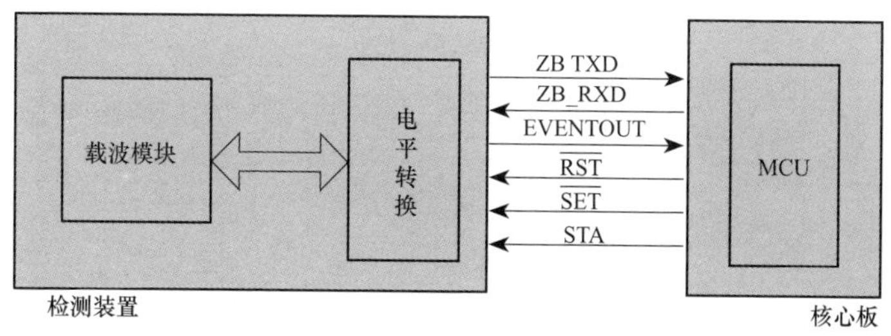

图 4–11　载波模块接口连接示意图

按键：检测装置输出高电平或低电平的脉冲信号，表示智能电能表的上翻键或下翻键被按下并弹起，检测装置提供的信号参数为500ms 以上。

跳合闸及报警控制信号线：检测装置提供 3 路输入信号线（跳闸控制信号线、合闸控制信号线和报警控制信号线）和 1 路输出信号线（跳合闸检测信号线），厂家可根据自身设计方案选择信号线接入。厂家检测时需提供以上信号线的默认电平状态。

端钮盖 / 开盖检测按钮：检测装置输出高电平或低电平的信号，表示智能电能表的端钮盖 / 开盖检测按钮按下或弹起。厂家检测时需提供端钮盖 / 开盖检测按钮按下的默认电平状态。

4.2.2 ESAM 芯片模拟单元

检测装置提供 ESAM 芯片模拟单元，智能电能表生产商根据电能表的设计方案将 MCU 与 ESAM 芯片连接的信号线连接到检测装置。若 MCU 核心板对 ESAM 电源进行控制，则应指出此控制信号线 V_CTRL 的有效电平。若 MCU 核心板未操作此信号线 V_CTRL，则应将此信号线接地处理。检测装置 ESAM 接口的连接示意图如图 4–12 所示。

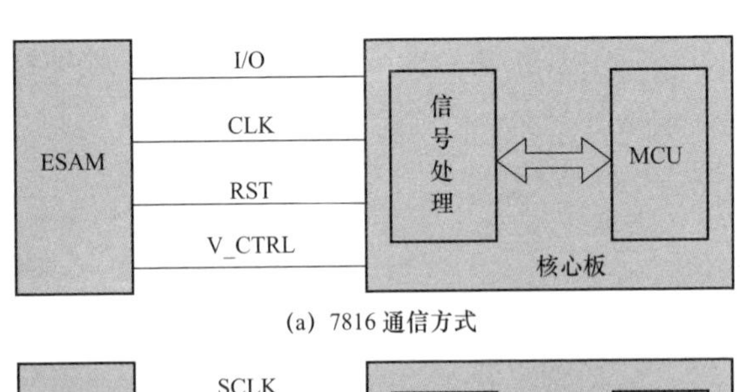

(a) 7816 通信方式

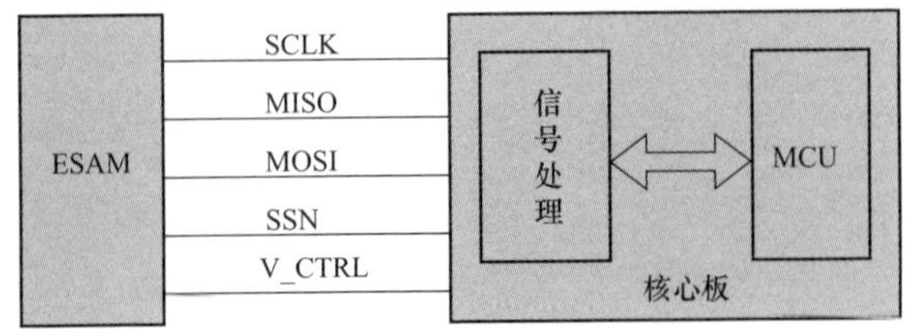

(b) SPI 通信方式

图 4–12 检测装置 ESAM 接口的连接示意图

4.2.3 EEPROM 存储器

检测装置提供 2 路 I^{2}C 总线用于 EEPROM 模拟，每路总线可模拟 4 个独立的 EEPROM 供 MCU 核心板使用，每个独立的 EEPROM 其容量、操作方式可以单独配置。可根据智能电能表的设计方案选择 I^{2}C 的总线通道和 EEPROM 片数，以及每片的容量和操作方式。操作方式是指随机读、随机写、页读、页写等。

I^{2}C 总线通道的 EEPROM 接口连接示意图如图 4–13 所示。

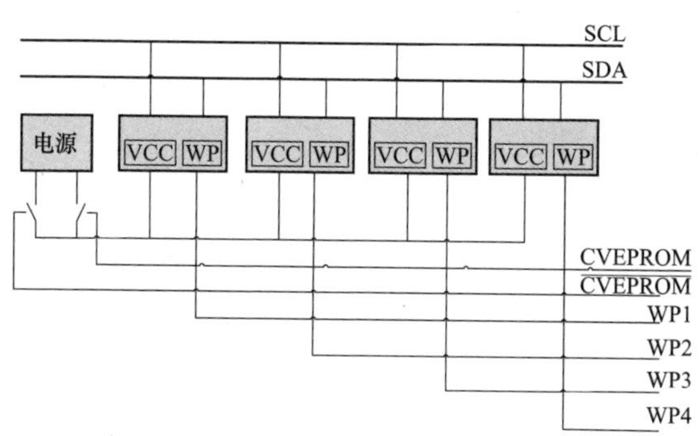

图 4–13　I^{2}C 总线通道的 EEPROM 接口连接示意图

如果智能电能表设计方案中有 EEPROM 电源控制，那么电源控制引脚接口连接有以下 3 种情况：

（1）若采用高电平通电控制，则应将控制信号线连接到 CVEPROM（高电平通电），且 $\overline{\text{CVEPROM}}$ 通过电阻上拉到电源。

（2）若采用低电平通电控制，则应将 CVEPROM 下拉到地，同时将控制信号线连接到 $\overline{\text{CVEPROM}}$（低电平通电）信号线引脚。

（3）若没有电源控制功能，则应将 CVEPROM 通过电阻上拉到电源，同时 $\overline{\text{CVEPROM}}$ 应接地。

EEPROM 电源控制引脚接口连接示意图如图 4–14 所示。

如果智能电能表设计方案中 EEPROM 的写保护引脚 WP 由 MCU 控制，则应将 MCU 控制线连接到相应的 WP（1~4）的引脚；如果未用 MCU 控制 WP，则应根据智能电能表方案中的连接将相应信号接地或通过上拉接到电源。

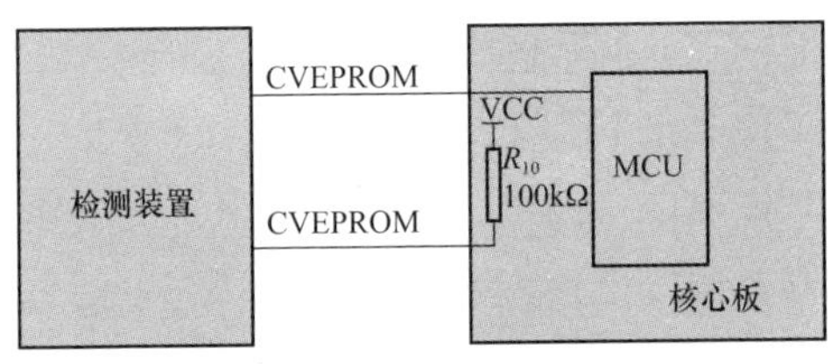

(a) 高电平通电控制

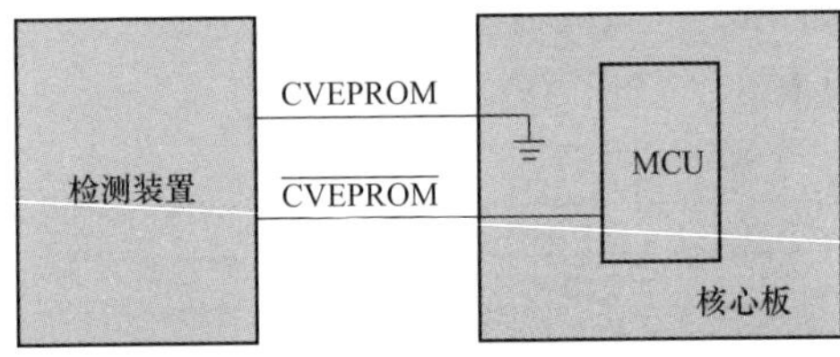

(b) 低电平通电控制

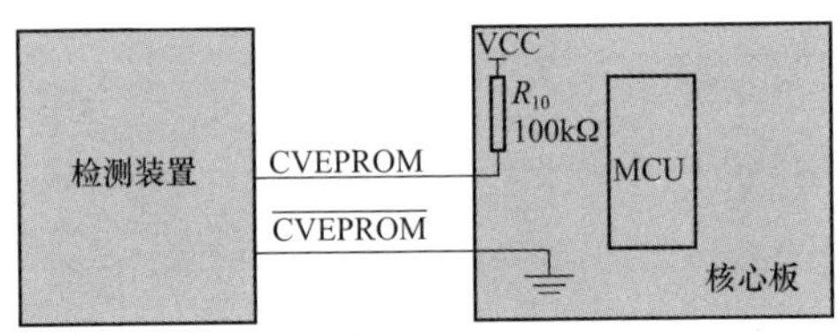

(c) 无电源控制

图 4-14 EEPROM 电源控制引脚接口连接示意图

4.2.4 大容量 Flash 存储器

检测装置提供 Flash 芯片模拟单元，智能电能表生产商根据电能表设计方案将 MCU 与 Flash 芯片连接的信号线连接到检测装置。

4.2.5 计量芯片

检测装置提供计量芯片模拟单元，智能电能表生产商根据电能表的设计方案将 MCU 与计量芯片连接的信号线连接到检测装置，相同的信号线根据其所选择的计量芯片型号不同而相异。对于选定的计量芯片，检测装置提供了所有与 MCU 的接口，信号的功能和特性与计量芯片相同，可参见相应的计量芯片手册。

4.2.6 时钟芯片

检测装置提供时钟芯片模拟单元，智能电能表生产商根据电能表的设计方案将 MCU 与时钟芯片连接的信号线连接到检测装置，相同的信号线根据其所选择的时钟芯片型号不同而相异。对于选定的时钟芯片，检测装置提供了所有与 MCU 的接口，信号的功能和特性与时钟芯片相同，可参见相应的时钟芯片手册。

4.3　各款芯片管脚详细定义

为保证 MCU 核心板与检测装置连接的规范性，将 MCU 核心板与检测装置的接口进行了划分，其中 1~20 是 EEPROM 芯片接口；21~30 是时钟芯片接口；31~42 是大容量存储器 Flash 芯片接口；43~66 是计量芯片接口；67~71 是 ESAM 安全芯片接口；72~77 是 CPU 卡接口；78~115 是外围通信与交互接口；116~122 是 JTAG/SWD 调试接口；123~128 是供电电源接口。

以普通 EEPROM 芯片、RX8025T 时钟芯片、AT45DB161 大容量 Flash 芯片、ATT7053AU 计量芯片、ESAM 芯片、CPU 卡等为例，接口定义如表 4–2~ 表 4–12 所示。表格中的信号方向均是相对于检测装置的。例如，SCL 的信号方向为 I（输入），对于检测装置是输入时钟信号，对于 MCU 核心板则是输出时钟信号。方案中未定义引脚，需悬空不做任何处理。

表 4–2　　　　　　　EEPROM 芯片接口定义

引脚	标识	信号方向	功能描述
1	SCL1	I	串行时钟
2	SDA1	I/O	串行数据
3	WP1_1	I	写保护
4	WP1_2	I	写保护
5	WP1_3	I	写保护
6	WP1_4	I	写保护
7	$\overline{\text{CVEPROM1}}$	I	低电平打开电源
8	CVEPROM1	I	高电平打开电源

续表

引脚	标识	信号方向	功能描述
9	GND		GND
10	GND		GND
11	SCL2	I	串行时钟
12	SDA2	I/O	串行数据
13	WP2_1	I	写保护
14	WP2_2	I	写保护
15	WP2_3	I	写保护
16	WP2_4	I	写保护
17	$\overline{\text{CVEPROM2}}$	I	低电平打开电源
18	CVEPROM2	I	高电平打开电源
19	GND		GND
20	GND		GND

表 4–3　　RX8025T 时钟芯片接口定义

引脚	标识	信号方向	功能描述
21	SCL	I	串行时钟
22	SDA	I/O	串行数据
23	$\overline{\text{INT}}$	O	中断输出信号（报警信号等）
24	NC		不接
25	FOUT	O	若 FOE 为高，则该引脚输出 32.768kHz 信号；若 FOE 为低，则 FOUT 引脚为高阻态
26	FOE	I	FOE 为高电平，输出使能

续表

引脚	标识	信号方向	功能描述
27	$\overline{\text{CVRTC}}$	I	低电平打开电源
28	CVRTC	I	高电平打开电源
29	GND		GND
30	GND		GND

表 4-4　　AT45DB161——Flash 芯片接口定义

引脚	标识	信号方向	功能描述
31	SO	O	串行数据
32	SI	I	串行数据
33	SCL	I	串行时钟
34	$\overline{\text{CS}}$	I	片选
35	$\overline{\text{WP}}$	I	写保护
36	$\overline{\text{RESET}}$	I	复位信号
37	RDY/BUSY	O	数据状态反馈
38	NC	I/O	不接
39	$\overline{\text{CVFLASH}}$	I	低电平打开电源
40	CVFLASH	I	高电平打开电源
41	GND		GND
42	GND		GND

表 4-5　　ATT7053AU 计量芯片接口定义

引脚	标识	信号方向	功能描述
43	SCLK	I	串行时钟输入
44	DIN	I	串行数据输入

续表

引脚	标识	信号方向	功能描述
45	DOUT	O	串行数据输出
46	$\overline{\text{Reset}}$	I	外接复位，低电平有效
47	$\overline{\text{CS}}$	I	片选
48	$\overline{\text{IRQ}}$	O	中断信号输出
49	CF1	O	P$\overline{\text{QS}}$ 脉冲输出（用户配置）
50	CF2	O	P$\overline{\text{QS}}$ 脉冲输出（用户配置）
51	CF3	O	P$\overline{\text{QS}}$ 脉冲输出（用户配置）
52	NC	NC	不接
53	NC	NC	不接
54	NC	NC	不接
55	NC	NC	不接
56	NC	NC	不接
57	NC	NC	不接
58	NC	NC	不接
59	NC	NC	不接
60	NC	NC	不接
61	NC	NC	不接
62	NC	NC	不接
63	$\overline{\text{CVSAMPLE}}$	I	低电平打开电源
64	CVSAMPLE	I	高电平打开电源
65	GND		GND
66	GND		GND

表 4-6　　ESAM 芯片接口定义——7816 通信方式

引脚	标识	信号方向	功能描述
67	ESAM_IO	I/O	ESAM 数据传输
68	ESAM_SCL	I	ESAM 时钟信号
69	ESAM_$\overline{\text{RST}}$	I	ESAM 复位信号
70	NC	NC	不接
71	ESAM_V_CTRL	I	ESAM 电源控制开关量

表 4-7　　ESAM 芯片接口定义——SPI 通信方式

引脚	标识	信号方向	功能描述
67	ESAM_SSN	I	ESAM 串行设备片选信号
68	ESAM_DIN	I	串行数据输入
69	ESAM_DOUT	O	串行数据输出
70	ESAM_SCLK	I	串行时钟输入
71	ESAM_V_CTRL	I	ESAM 电源控制开关量

表 4-8　　CPU 卡接口定义

72	GND	GND	卡接地线
73	CARD_KEY	O	卡信号检测
74	CARD_IO	I/O	卡数据
75	CARD_RST	I	复位卡片
76	CARD_CLK	I	卡时钟信号
77	CARD_VCC	I	卡电源

表 4-9　　外围通信与交互接口定义

引脚	标识	信号方向	功能描述
78	485_1_TXD	O	485_1 发送信号

续表

引脚	标识	信号方向	功能描述
79	485_1_RXD	I	485_1接收信号
80	485_2_TXD	O	485_2发送信号
81	485_2_RXD	I	485_2接收信号
82	INFR_TXD	O	红外发
83	INFR_RXD	I	红外收
84	ZB_TXD	O	载波发
85	ZB_RXD	I	载波收
86	$\overline{\text{RST}}$	I	复位载波模块
87	$\overline{\text{SET}}$	I	载波模块设置使能
88	STA	O	载波模块匹配状态
89	EVENTOUT	I	电能表事件状态输出（输入状态）
90	UP_KEY	O	自定义开关量输出1 （上翻键）
91	DOWN_KEY	O	自定义开关量输出2 （下翻键）
92	PROG_KEY	O	自定义开关量输出3 （Q/GDW 354—2009 《智能电能表功能规范》使用）
93	COVER	O	自定义开关量输出4 （开盖检测）
94	TERMINAL	O	自定义开关量输出5（端钮盖检测）
95	RELAY_CHECK	O	自定义开关量输出6 （继电器检测信号输出）
96	SWITCH_7	O	自定义开关量输出7

续表

引脚	标识	信号方向	功能描述
97	SWITCH_8	O	自定义开关量输出 8
98	SWITCH_9	O	自定义开关量输出 9
99	SWITCH_10	O	自定义开关量输出 10
100	SWITCH_11	O	自定义开关量输出 11
101	NC	NC	NC
102	GND	GND	GND
103	GND	GND	GND
104	CONN_CTRL	I	自定义开关量输入 1 （合闸控制）
105	DISCONN_CTRL	I	自定义开关量输入 2 （跳闸控制）
106	WARN_CTRL	I	自定义开关量输入 3 （报警控制）
107	MULTI_FUNC	I	自定义开关量输入 4 （多功能端子输出）
108	ESAM_V_CTRL	I	自定义开关量输入 5 （ESAM 电源控制开关量）
109	P_PULSE	I	自定义开关量输入 6（有功脉冲灯）
110	Q_PULSE	I	自定义开关量输入 7（无功脉冲灯）
111	RELAY_STATUS	I	自定义开关量输入 8（跳闸指示灯）
112	SWITCH_9	I	自定义开关量输入 9
113	SWITCH_10	I	自定义开关量输入 10
114	SWITCH_11	I	自定义开关量输入 11
115	NC	NC	NC

表 4–10　程序仿真接口定义 –JTAG 方式

引脚	标识	信号方向	功能描述
116	TMS	O	模式选择
117	TCK	O	时钟
118	TDI	I	输入信号
119	TDO	O	输出信号
120	J_RST	O	复位信号
121	J_VCC	O	下载口供电电源
122	GND	GND	GND

表 4–11　程序仿真接口定义 –SWD 方式

引脚	标识	信号方向	功能描述
116	SWDIO	I/O	数据
117	SWCLK	O	时钟
118	NC	NC	NC
119	NC	NC	NC
120	S_RST	NC	复位信号
121	S_VCC	O	下载口供电电源
122	GND	GND	GND

表 4–12　电源接口定义

引脚	标识	信号方向	功能描述
123	VBAT	O	模拟量输出
124	VBAT	O	模拟量输出
125	VRTU	O	时钟电池模拟供电电源
126	VRTU	O	时钟电池模拟供电电源
127	VMCU	O	电源
128	VMCU	O	电源

第 5 章　Argus 中文脚本编程语言

在 SRTS（Software Robustness Testing System，智能电能表软件可靠性检测系统）中，用户通过操作可视化界面进行测试，也可以使用中文脚本编辑器进行自动化测试。对于复杂的测试流程来说，使用编程方法能够提升测试效率，避免重复劳动和人工干扰。编程语言主要有两种，一种是编译型语言，如 C 和 C++；一种是解释型语言，如 Python 和 Java。编译型语言程序是将程序源代码编译成机器可执行的机器码进行工作；解释型语言程序不需要在运行前进行编译，而是通过使用专用的解释器在每个语句执行期间解释程序代码。编译型语言执行效率高，但是专业性较强，需要开发人员进行系统的学习；解释型语言语法结构简单，不需要专业的计算机知识，上手较快。

对于 SRTS 系统来说，智能电能表的功能复杂，测试流程烦琐，使用解释型语言可以方便测试人员快速编制自动测试用例，提高测试效率。SRTS 系统提供了一种用于智能电能表软件测试的中文脚本编辑语言——Argus 语言。

5.1　Argus 语法简介

使用 Argus 语言编译可执行的中文脚本语句进行智能电能表软件可靠性自动测试具有如下特征：

（1）每条操作语句包含多个操作符。

（2）按照一定顺序组合操作符，将具体参数载入操作符中，形成一条代码语句。

（3）SRTS 系统的解释器依次识别代码语句的功能含义和参数。

（4）SRTS 系统根据解释器给出的测试命令，向检测装置发送测试指令，开展自动化测试。

Argus 语言的操作符包括大括号“{ }”、方括号“[ ]”、菱形括号“< >”、圆括号“( )”及方头括号“【 】”，通过不同的操作符，形成不同的测试语句。操作符的排列顺序为：大括号“{ }”、方括号“[ ]”、菱形括号“< >”及圆括号“( )”，方头括号“【 】”位于所述圆括号“( )”内，通过操作符的排列，可以实现一组语句的描述方法。具体构成方式为“{*}[*]<*>（【 * 】，【 * 】）”。其中，“*”代表语句中被使用的内容。使用过程中，“*”内容不必全部出现，但是符号“{ }”“[ ]”“< >”“( )”必须按照固定序列全部出现。

每种符号内的参数涉及测试系统的模拟单元部分，具体代表的含义如下：

（1）大括号“{ }”代表执行测试方案涉及的功能主类，包括系统、电源、计量、EEPROM、Flash、时钟、ESAM、外围、通信、工况、变量及判断等。

（2）方括号“[ ]”内的参数代表执行方案所使用的具体动作，包括工况参数、新建变量、电源设置、系统延时、抄读计量、抄读 EEPROM 及发送数据等。

（3）菱形括号“< >”内的参数代表所涉及的操作对象，包括芯片编号、核心板及比较符等。

（4）圆括号“( )”内的参数代表所涉及的具体参数数据。

（5）方头括号“【 】”内的参数代表圆括号内具体数据的属性。

（6）分号“;”代表语句结束。

（7）百分号“%”代表此条语句的注释，百分号后的参数用来解释本语句的含义。例如，配置一条执行语句，其目的是设置 MCU 核心板的供电电压为 5V，脚本语言的代码格式为“{ 电源 }[电源设置]<01- 核心板 >（【电压】：5V）（ ）；% 设置电源板电压 5V”。

使用 Argus 中文脚本编辑语言进行自动化配置，其优点是可以灵活、快速地配置测试用例，并且方便维护和查看。

5.2　脚本解释器设计

Argus 语言的脚本解释器基于 DOM4J 实现解析可扩展标记语言（extensible markup language，XML）文件功能，脚本解释器应用于 Java 平台，采用 Java 集合框架并完全支持 SAX［SAX 是 Simple API for XML 的简称，它是在 Java 平台上第一个被广泛使用的 XML 应用编程接口（application programming interface，API），也就是说，它是为 Java 而出现的］、DOM（DOM 是 Documents Object Model 的简称，与 SAX 不同的是，DOM 是 W3C 的标准，它出现的目的是实现一套跨平台与语言的标准）和 JAXP（全称 Java API for XML Processing，它与 SAX 和 DOM 一样只是一套 API，并没有为 Java 解析 XML 提供任何新功能，但是它为 Java 获取 SAX 与 DOM 解释器提供了更加直接的途径。它封装了 SAX、DOM 两种接口，并在 SAX、DOM 的基础上做了一套比较简单的 API 以供开）。

5.2.1　基于 DOM4J 的 XML 数据解析

客户端与服务器的数据传输更多的是以 XML 的形式进行的，SRTS 系统是建立在 XML 脚本文件上，通过 DOM4J 来进行数据解析的。如何对这些 XML 文档进行解析、定位、操作和查询来满足用户的各种需求，以及将取得的资料做进一步的应用是 XML 应用开发者面临的关键问题。

DOM4J 是一个易用的、开源的类库，允许读取、写入、遍历、创建和修改 XML 文档。DOM4J 基于 Java 接口，允许即插即用文档对象模型的实现，并鼓励创建小型、只读、快速的实现，或者较大的、有高速索引导航的实现。

读写 XML 文档主要依赖 org.dom4j.io 包，其中提供 DOMReader 和 SAXReader 两种不同的方法，采用同样的调用方式。DOM4J 解析模型首先创建一个解释器的实例 SAXReader，然后在内存中建立 XML 文件的树形结构，接着判断是解析 XML 文件还是生成一个新的 XML 文件。解析 XML 文件从根元素开始。生成 XML 文件由

Element 对象中的方法完成。

DOM4J 解析 XML 文件的时序图如图 5-1 所示。

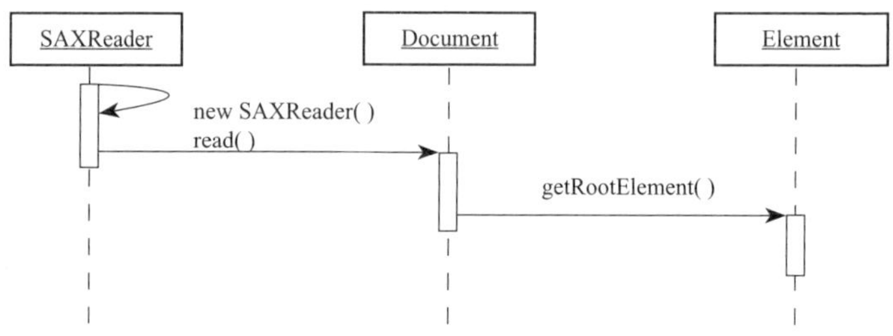

图 5-1　DOM4J 解析 XML 文件时序图

在 SRTS 系统中，客户端将所有的测试用例数据提交完成之后，客户端通过 Ajax 模式向 Web 服务端（SRTS 系统）提交生成测试用例的文件请求，Web 服务器接收到该请求后，与数据库服务器进行交互，获取到持久化的测试用例数据，当 Web 服务器拿到完整的测试用例数据后，基于 Ajax 技术与 DOM4J 技术，将测试用例数据通过客户端编译输出为 XML 文件。测试用例数据流转如图 5-2 所示。

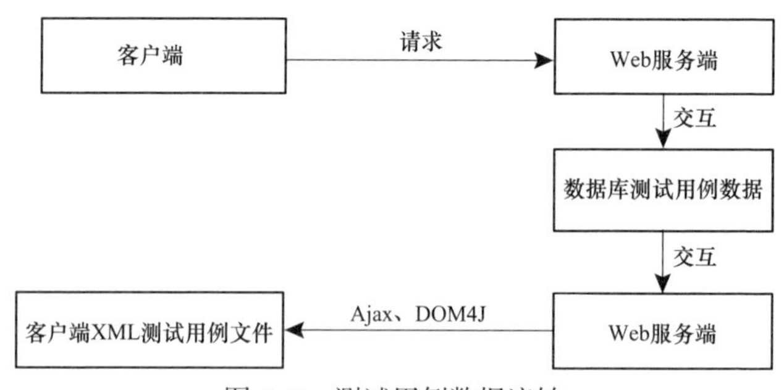

图 5-2　测试用例数据流转

客户端将生成的 XML 测试用例文件采用 Ajax 技术提交到 Web 服务器上，Web 服务器将 XML 文件保存后，应用 DOM4J 技术解析 XML 测试用例文件。

Web 服务器通过选择 XML 测试用例文件，运用 DOM4J 技术将 XML 测试用例文件进行解析，分别生成不同的对象，再根据不同测试用例对应的编码标识，将每个测试用例所需要的数据同对应的测试用例编码标识组合在一起。XML 测试用例文件的解析操作如图 5–3 所示。

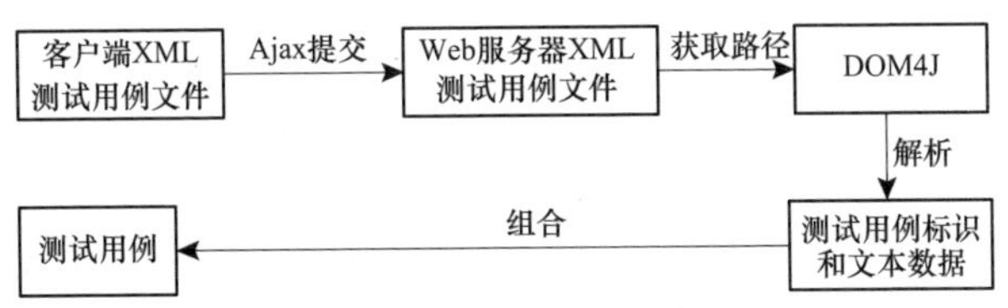

图 5–3　XML 测试用例文件的解析操作

5.2.2　基于脚本语法描述的应用

脚本预先定义一套脚本语法描述文件，包括符号描述文件、脚本分类描述文件和词类描述文件，并用通俗易懂的直观语言进行外在呈现，使用者可以见文知其意，并且自由定义脚本执行动作及执行顺序。本语法会按照语法规约，采用符号定义、脚本分类和词类定义相结合的匹配方式进行脚本解析。

语法描述文件的具体技术方案如下：

（1）符号描述文件：定义一组符号标签，包括开始标记、有效数据和结束标记。标签的功能和含义如表 5–1 所示。

表 5–1　　脚本语法标签功能含义

标签类别	标签内容
{…}	标签名称
[…]	操作动作
<…>	操作对象
（…）	具体数据
【…】	该标签嵌套在“（…）”中，“【…】”中的内容代表操作对象的属性，“:”后面跟属性的数值；可以用“,”分隔，同时设置多个属性
%…	该标签位置在最后，没有结束符，后面的内容是对这个脚本内容的描述，以提高可读性

（2）脚本分类描述文件：根据帧报文内容中的地址域和计算机脚本运行的必要，预先划分了 13 种脚本类别，分别是帧的地址

域（检测项、电源、计量、EEPROM、Flash、时钟、ESAM、外围、通信和工况类 10 类）和脚本类（变量、判断和系统 3 类）。

（3）词类描述文件：在脚本分类描述文件的基础上，进一步细化操作动作、操作对象和对象属性等。

1）检测项：

① 操作动作：检测项的增加、修改、查看、删除、顺序设置。

② 操作对象：检测项。

③ 对象属性：检测编码、检测状态码、检测项名称、检测序号。

2）电源类：

① 操作动作：电源设置、电源抄读。

② 操作对象：核心板、抄表电池、时钟电池。

③ 对象属性：电压值、台阶数、耗时、状态（升压、降压和断电）。

3）计量类：

① 操作动作：寄存器设置、寄存器请求、数据写操作查询、连续侦测。

② 操作对象：通用寄存器、计量寄存器、校表寄存器、扩展寄存器。

③ 对象属性：芯片编号、地址、数据、操作时基。

4）EEPROM 类：

① 操作动作：存储器设置、存储器抄读、数据写操作查询、连续侦测。

② 操作对象：EEPROM 存储板。

③ 对象属性：存储板编号、地址、数据、操作时基。

5）Flash 类：

① 操作动作：设置数据和请求数据。

② 操作对象：Flash 存储器。

③ 对象属性：地址、数据。

6）时钟类：

① 操作动作：寄存器设置和寄存器抄读、连续侦测。

② 操作对象：时钟寄存器。

③ 对象属性：地址、数据。

7）ESAM 类：

① 操作动作：ESAM 的电源控制。

② 操作对象：ESAM 板。

③ 对象属性（状态）：通电、断电。

8）外围类：

① 操作动作：外围操作输出。

② 操作对象：上翻键、下翻键、编程键、开盖键、断钮盖检测、继电器检测信号。

③ 对象属性：工作方式、脉冲周期、脉冲宽度、脉冲个数、执行次数。

9）通信类：

① 操作动作：发送报文、通信接口测试。

② 操作对象：发送 645 报文（读数据、读后续数据、读通信地址、写数据、写通信地址、冻结命令、更改通信速率、修改密码、最大需量清零、电能表清零、事件清零、安全认证、跳合闸 / 报警 / 保电、多功能端子和液晶查看等）。

③ 对象属性：数据项编码、数据项名称、数据项格式、通信方式、发送次数、发送间隔、参数值。

10）变量类：

① 操作动作：变量的创建、输出、计算。

② 操作对象：变量。

③ 对象属性：变量名称（字面意义）、变量初始值、运算方程式、变量结果值。

11）工况类：

① 操作动作：工况设置。

② 操作对象：电压、电流、功率因数。

③ 对象属性：数据值。

12）系统类：

① 操作动作：系统延时、获取系统时间、系统提示信息、对话信息。

② 操作对象：方法运行的计算机应用系统。

③ 对象属性：数据项。

13）判断类：

① 操作动作：比较数值、循环执行、结束判断。

② 操作对象：定义的变量、各种已定义对象的数据值。

③ 对象属性：数据值。

注意：判断类提供了对结果的进一步处理和脚本执行顺序的扩展，通过对变量结果的判断，增加了分支结构和循环结构。

（4）脚本解析文件技术方案如下：通过识别语法符号标签，读取到数据内容，根据 DL/T 645—2007《多功能电能表通信协议》、DL/T 698.45—2017《电能信息采集与管理系统 第 4–5 部分：通信协议—面向对象的数据交换协议》，把脚本描述文件解析为可与智能电能表完成通信和数据交互的帧数据。

5.3 Argus 自动化测试开发指南

5.3.1 数据类型

1. 新建变量

可指定变量名称及对变量进行赋值，支持正整型及浮点型，如表 5–2 所示。

表 5–2 变量

类型	语法形式	参数		返回值	举例
新建变量	{变量}[新建变量]<>(【变量名】：××××，【初始值】：××××)()	变量名称	初始参数	无	{变量}[新建变量]<>(【变量名】：中间变量，【初始值】：0)()

2. 返回类型

Argus 自动化测试支持十进制及十六进制计数法，并且还支持如表 5–3 所示的基本数据类型。

表 5–3　数据类型

输入类型	输出类型	存储容量	数据范围
Byte	Byte	255	–128~127
Short	Short	65536	–32768~32767
Int	Int	2^32-1	–2^31~2^31-1
Long	Long	2^64-1	–2^63~2^63-1
Float	Float	—	3.4e-45~1.4e38
Double	Double	—	4.9e-324~1.8e308
Char	Char	65535	0~65535
Boolean	Boolean	—	True/False

5.3.2　外设操作

1. 电源板

（1）电源设置：通过对电源核心板操作，对核心板、抄表电池和时钟电池进行升压、降压及断电操作。

（2）电源抄读：通过对电源板抄读，可以对核心板、抄表电池、时钟电池进行电压抄读。

（3）电压时间序列：通过设置时间点、时间间隔、电压值，可以对供电电压、抄表电池、时钟电池进行曲线掉上电、掉电操作。

2. 计量寄存器

（1）寄存器设置：通过设置芯片型号、寄存器类型、地址、数据等参数，对计量寄存器进行参数设置操作。

（2）寄存器抄读：通过设置芯片型号、寄存器类型、地址、返回类型、算法等参数，可以对计量寄存器进行抄读操作。

（3）数据写操作查询：通过设置寄存器类型、地址、数据、查询时长、时间间隔等参数，可以对计量寄存器进行数据写操作查询。

3. EEPROM 存储器

（1）存储器设置：通过设置模拟版编号、存储器编号、地址及数据等参数，可以对存储器进行参数设置操作。

（2）存储器抄读：通过设置模拟版编号、存储器编号、地址、地址长度、是否倒叙等参数，可以对存储器进行数据抄读操作。

（3）数据写操作查询：设置模拟版编号、存储器编号、开始地址、结束地址、查询时长、时间间隔等参数，可以对存储器进行数据写操作查询。

4. 时钟寄存器

（1）存储器设置：通过设置地址、数据、变量赋值类型等参数，可以对寄存器进行参数设置操作。

（2）存储器抄读：通过设置地址、返回变量等参数，可以对寄存器进行数据抄读操作。

5. ESAM

ESAM 电源控制：通过选择通电或断电，可以对 ESAM 进行通电或断电操作。

6. 外围

外围输出操作：通过设置开关编号、工作方式、脉冲周期、脉冲宽度、脉冲个数、执行次数等参数，可以对电能表执行上翻键、下翻键、编程键、开盖键、端钮盖检测及继电器检测操作。

7. 通信

通信操作：通过设置操作类型、数据项、通信口、发送次数、发送间隔、是否组合、参数值、返回类型等参数，可以对电能表进行通信操作。

8. 卡片模拟板

卡片模拟板操作：通过设置卡片类型、操作方式及命令字等参数，可以对预置卡、用户卡进行发卡操作、读卡操作、插拔卡操作。

以上操作如表 5–4 所示。

表 5–4　外设操作

类型	语法形式	参数					返回值	示例
电源设置	{电源}[电源设置]<××××>(【电压】:××××,【台阶数】:××××,【耗时】:××××,【操作类型】:××××)()	电源板类型	电压值	台阶数	耗时	操作类型	无	{电源}[电源设置]<01- 核心板 >(【电压】:5.6V,【台阶数】:1,【耗时】:1,【操作类型】:升压)()
电源抄读	{电源}[电源抄读]<××××>()(nTemp)	电源板类型					变量	{电源}[电源抄读]<01- 核心板 >()(nTemp)
计量寄存器设置	{计量}[设置通用寄存器]<××××>(【地址】:××××,【数据】:××××)()	寄存器类型	地址	数据			无	{计量}[设置通用寄存器]<02- 号芯片 >(【地址】:0005,【数据】:000140H)()
计量寄存器抄读	{计量}[抄读计量寄存器]<××××>(【地址】:××××【返回类型】:××××【算法】:××××)()	寄存器类型	地址	返回类型	算法类型		变量	{计量}[抄读计量寄存器]<02- 号芯片 >(【地址】:111【返回类型】:DEC【算法】:无)()

续表

类型	语法形式	参数					返回值	示例
计量数据写操作查询	{计量}[查询通用寄存器]<××××>(【地址】:××××,【数据】:××××,【查询时长】:××××,【时基变量】:××××)()	寄存器类型	地址	数据	查询时长	时基变量	变量	{计量}[查询通用寄存器]<02-号芯片>(【地址】:11,【数据】:22,【查询时长】:33,【时基变量】:nwww)()
EEPROM存储器设置	{EEPROM}[设置通道1存储器]<××××>(【地址】:××××,【数据】:××××)()	通道编号	存储器编号	地址	数据		无	{EEPROM}[设置通道1存储器]<第1片>(【地址】:05,【数据】:12)()
EEPROM存储器抄读	{EEPROM}[抄读通道1存储器]<××××>(【地址】:××××,【地址长度】:××××,【是否倒序】:××××)()	通道编号	地址	地址长度	是否倒序		变量	{EEPROM}[抄读通道1存储器]<第1片>(【地址】:06,【地址长度】:1,【是否倒序】:1)(nTemp)

续表

类型	语法形式	参数						返回值	示例
EEPROM 数据写操作查询	{EEPROM} [存储器写操作数据] <××××>(【开始地址】: 0026, 【结束地址】: 0623, 【数据】: 04, 【查询时长】: 3000, 【时基变量】: na) (nTemp)	通道编号	开始地址	结束地址	数据	查询时长	时间间隔	变量	{EEPROM} [存储器写操作数据] <第1片> (【开始地址】: 0026, 【结束地址】: 0623, 【数据】: 04, 【查询时长】: 3000, 【时基变量】: na) (nTemp)
时钟存储器设置	{ 时钟 } [寄存器设置] <>(【地址】: ××××, 【数据】: ××××) ()	地址				数据		无	{ 时钟 } [寄存器设置] <>(【地址】: 01, 【数据】: 00) ()
时钟存储器抄读	{ 时钟 } [抄读寄存器] <>(【地址】: ××××, 【返回变量】: ××××) ()	地址				返回变量		变量	{ 时钟 } [抄读寄存器] <>(【地址】: 02, 【返回变量】: ntemp) (nTemp)
ESAM 电源控制	{ESAM} [ESAM 电源控制] <××××>(【状态】: 通电 / 断电) ()	通电 / 断电						无	{ESAM} [ESAM 电源控制] <通电>(【状态】: 通电 / 断电) ()

续表

<table>
<tr><th>类型</th><th>语法形式</th><th colspan="7">参数</th><th>返回值</th><th>示例</th></tr>
<tr><td>外围输出操作</td><td>{外围}[上翻键（输出）]<××××>(【工作方式】:××××,【脉冲周期】:××××,【脉冲宽度】:××××,【脉冲个数】:××××,【执行次数】:××××)()</td><td>开关编号</td><td>工作方式</td><td>脉冲周期</td><td>脉冲宽度</td><td colspan="2">脉冲个数</td><td>执行次数</td><td>无</td><td>{外围}[上翻键（输出）]<低电平>(【工作方式】:脉冲,【脉冲周期】:100,【脉冲宽度】:50,【脉冲个数】:0,【执行次数】:1)(nTemp)</td></tr>
<tr><td>通信操作</td><td>{通信}[发报文]<××××>(【数据类型】:××××,【数据项】:××××,【发送次数】:××××,【发送间隔】:××××,【是否组合】:××××,【参数值】:××××,【返回类型】:××××)()</td><td>操作类型</td><td>数据项</td><td>通信口</td><td>发送次数</td><td>发送间隔</td><td>参数值</td><td>返回类型</td><td>无</td><td>{通信}[发报文]<485口1号>(【数据类型】:读数据,【数据项】:0000FF00,【发送次数】:1,【发送间隔】:0,【是否组合】:否,【参数值】:,【返回类型】:全部)(ntemp)</td></tr>
<tr><td>卡模拟板操作</td><td>{卡片模拟板}[××××]<××××>(××××)()</td><td colspan="2">卡类型</td><td colspan="2">动作</td><td colspan="3">命令字</td><td>无</td><td>{卡片模拟板}[预置卡]<发卡操作>(11,MCT00000000002213143)()</td></tr>
</table>

5.3.3　数据操作

通过传入变量或自定义输入数值对自动化测试用例中的方程式进行运算，支持加减乘除等运算，输出结果可赋值到指定变量，如表 5–5 所示。

表 5–5　　数据操作

类型	语法形式	参数		返回值	举例
数值计算	{变量}[数值计算]<>(【运算方程式】: ××××* ××××)()	变量	变量	数值	{变量}[数值计算]<>(【运算方程式】: 2 3*6)()

5.3.4　控制流

1. 循环执行

对指定部分的命令进行循环执行，需要加入开始命令及结束命令，需要循环执行的命令应该位于开始与结束之间，需要对结束命令进行判断，判断条件包含等于、不等于，当满足结束条件时，结束循环，继续执行其他命令。

2. 判断输出

对制定变量及自定义数值进行判断操作，判断条件包含等于、小于、大于、不等于、大于等于、小于等于，对判断后的结果进行输出操作及是否结束命令。

控制流详细说明如表 5–6 所示。

表 5–6　　控制流

类型	语法形式	参数		返回值	举例
循环执行（开始循环）	{判断}[循环执行]<××××>(【状态】: 开始，【参数】:)()	无		无	{判断}[循环执行]<等于>(【状态】: 开始，【参数】:)()
循环执行（结束循环）	{判断}[循环执行]<××××>(【状态】: 结束，【参数】: ××××)()	判断条件	参数	无	{判断}[循环执行]<等于>(【状态】: 结束，【参数】: 00)()

续表

类型	语法形式	参数					返回值	举例
判断输出	{判断}[判断输出]<××××>(【参数1】:××××【条件】:等于,【参数2】:××××,【输出结果】:××××,【输出说明】:33,【是否继续】:××××)()	参数1	判断条件	参数2	输出条件	继续检测条件	true/false	{判断}[判断输出]<等于>(【参数1】:11【条件】:等于,【参数2】:22,【输出结果】:符合,【输出说明】:33,【是否继续】:继续检测)()

5.3.5 脚本编辑器使用技巧

（1）编译 Argus 自动化测试脚本时，新建的变量可重复赋值。

（2）对执行操作次数过多的命令，可采用“循环执行”方案进行操作。

（3）对计量、EEPROM、Flash、时钟、ESAM 核心板操作时，返回类型尽量保持统一，以免进行核心板设置参数时出现数据异常情况。

（4）对电源进行频繁上电、掉电操作时，可采用“电压时间序列”功能，该功能可对供电电压、抄表电池电压、时钟电池电压进行曲线上电、掉电操作，并支持自定义时间节点及时间节点间隔操作。

第 6 章　SRTS 使用指南

6.1　SRTS 简述

为规范智能电能表软件设计，提高智能电能表软件可靠性，减少由智能电能表软件缺陷导致的现场故障，国网计量中心研发了 SRTS 智能电能表软件可靠性检测平台（以下简称 SRTS）。

SRTS 由软件可靠性检测装置和配套的检测软件两部分组成。软件可靠性检测装置采用模块化设计、机架插箱式结构，通过现场可编程门陈列（field-programmable gate array，FPGA）模拟仿真技术对智能电能表软件进行模拟仿真测试。

SRTS配套的检测软件支持手工检测和自动检测两种检测方式。手工检测是指采用数据监听与错误注入的方式，触发外围集成电路的状态，观察智能电能表外围芯片寄存器和存储器的数据变化，对智能电能表软件的合理性、安全性和稳定性进行人工判断，最后人工填写检测报告；自动检测是指针对各种不同型号的智能电能表，载入对应的测试用例库，模拟真实运行环境，从而生成一系列运行记录数据，通过对这些数据进行综合分析生成检测报告。

SRTS 软件可靠性检测装置外观结构如图 6-1 和图 6-2 所示。

图 6-1　SRTS 软件可靠性检测装置外观结构（正面）

图 6–2　SRTS 软件可靠性检测装置外观结构（侧面）

MCU 核心板是 SRTS 的被测对象，按照《MCU 核心板设计规范》的要求设计制作，并注入实际运行的智能电能表程序。

MCU 核心板主要由智能电能表 MCU、液晶显示和检测装置接口 3 部分组成。其外观如图 6–3 所示。

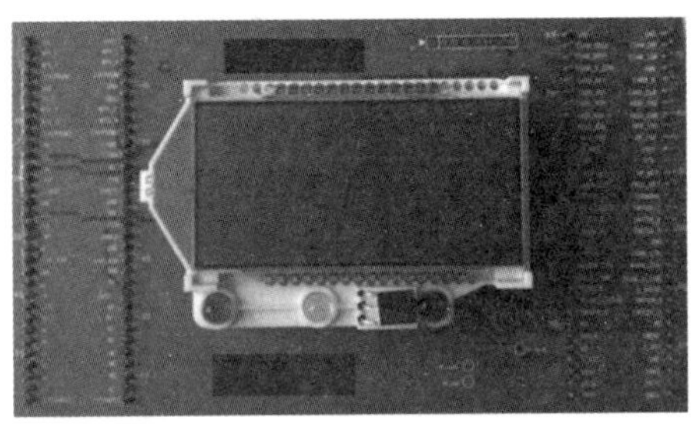

(a) 单相表核心板外观

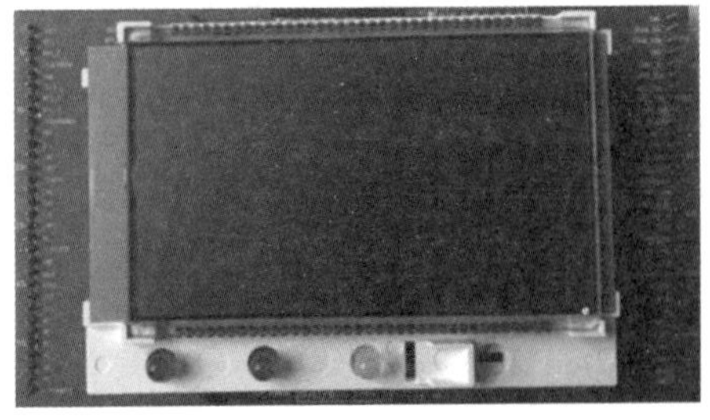

(b) 三相表核心板外观

图 6–3　MCU 核心板外观

6.2　检测装置说明

6.2.1　检测装置结构

SRTS 检测装置内部分为上下两层，上层是模拟板，下层是交换机。模拟板区域由计量芯片模拟板、存储芯片模拟板、时钟芯片模拟板、安全芯片模拟板、外围电路模块模拟板和电源模块模拟板等组成，如图 6–4 所示。

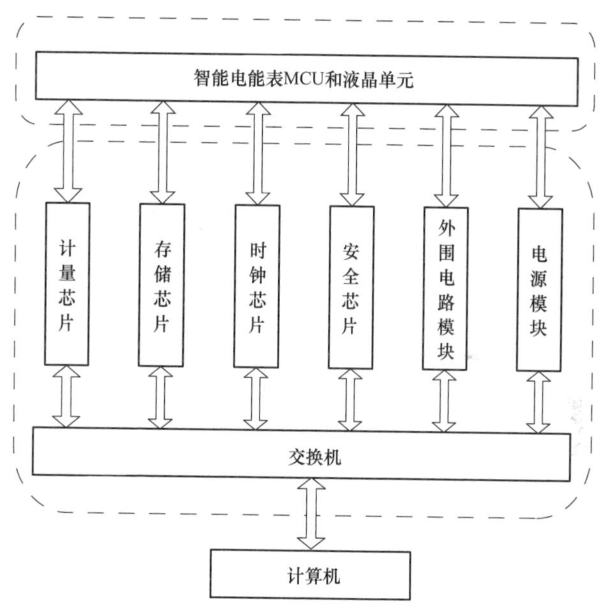

图 6–4　SRTS 检测装置内部结构

6.2.2　模拟板介绍

1. 计量芯片模拟板

（1）模拟当前市场上主流的计量芯片功能，包括接口电平、时序、内部寄存器、参数控制等。

（2）通过检测软件选择计量芯片需要输出的数据。

（3）模拟规定的异常情况，如输入超过采样标准的数据、通信异常等。

2. 存储芯片模拟板

（1）模拟当前市场上主流的存储芯片功能（EEPROM、Flash），包括接口电平、时序、存储功能、存储容量、写入及读出的延时、掉电状态等。

（2）通过检测软件选择芯片类型、初始化芯片状态及数据、读取和修改任意一个存储地址的数据等。

3. 时钟芯片模拟板

（1）模拟当前市场上主流的时钟芯片功能，包括接口电平、时序、计时功能、寄存器读写、掉电状态等。

（2）设置时钟失效状态，模拟现实环境中时钟失效过程。

4. 安全芯片模拟板

（1）实时监听并存储智能电能表与安全芯片之间的通信数据。

（2）模拟规定的异常情况。

5. 外围电路模块模拟板

（1）模拟智能电能表 RS485、载波、红外等通信接口。

（2）模拟智能电能表继电器、按键、编程键、开盖键等外部接口。

（3）模拟多种输入信号和输出信号，并设置关联性。

6. 电源模块模拟板

（1）输出至少 3 路可控电源信号，输出范围为 0 ～ 12V。

（2）通过检测软件实时控制各类工况的电压输出。

6.3 检测系统启动

6.3.1 主机配置要求

SRTS 软件可靠性检测系统需要上位机软件实现图形界面展示及参数配置。主机配置参数要求如表 6-1 所示。

表 6-1 主机配置参数要求

名　称	规　格
处理器	≥ i5
内存	≥ 8GB

续表

名　　称	规　　格
硬盘	≥ 500GB
显示器	≥ 25 英寸
操作系统	Windows 7 64 位及以上

6.3.2　开关机步骤

（1）检测系统及检测装置开机顺序：

1）打开主机，启动部署好的 Tomcat 服务器。

2）将 MCU 核心板安装到检测装置前面板的锁紧插座上，并锁紧。

3）打开检测装置电源。

4）打开浏览器登录系统，开启检测。

（2）检测系统及检测装置关机顺序：

1）关闭检测软件主机上的浏览器。

2）关闭检测软件主机上的 Tomcat 服务。

3）关闭检测装置电源。

4）打开锁紧插座并取下 MCU 核心板。

6.3.3　使用者权限管理

SRTS 软件检测系统的用户权限管理如表 6–2 所示。

表 6–2　　SRTS 软件检测系统的用户权限管理

用户角色	权限	权限说明
超级管理员	拥有对整个系统菜单分配、删除、修改等权限	主要负责系统权限管理、菜单维护、系统管理等
普通管理员	拥有对检测系统测试脚本配置、系统参数配置等权限	主要负责核心板信息配置、方案启动检测、运行检测管理、智能电能表备案管理、系统参数配置、编辑器等

续表

用户角色	权限	权限说明
测试员	拥有对检测系统进行执行操作、配置核心板信息等权限	主要负责启动检测、查看检测结果、配置核心板信息、智能电能表备案等

注：超级管理员用户可以根据具体使用需求更新或者添加不同权限的用户角色及用户。

6.4 MCU 核心板信息准备

6.4.1 准备文件清单

测试前需准备的文件材料如下：

（1）智能电能表配置方案文件：智能电能表初始化参数数据，MCU 核心板正常运行所需的基础参数信息。

（2）EEPROM 初始化文件：MCU 核心板正常运行所需的 EEPROM 预置文件。需要将智能电能表内的 EEPROM 初始化数据导出，形成 .bin 格式文件并上传到检测方案中。

（3）Flash 初始化文件：MCU 核心板正常运行所需的 Flash 预置文件。需要将初始化的 Flash 数据导出，形成 .bin 格式文件并上传到检测方案中，主要应用于三相电能表的测试。

（4）电能表程序 .hex 文件：智能电能表软件编译后的机器可读代码。需要将智能电能表程序数据转为 .hex 格式的文件，用于软件备案使用。

6.4.2 测试信息录入工具

利用测试信息录入工具完成智能电能表配置信息的填写工作，可以显著提高测试工作的效率。测试信息录入工具经数据校准、判定后，输出标准的 .ini 格式文件（注意：也可在 SRTS 配套的检测软件中手工进行配置检测方案）。

将 .ini 格式文件导入 SRTS 检测系统中生成检测方案。具体操作步骤如下：

（1）成功登录系统后，单击菜单“核心板信息配置”→“软件方案管理”，找到“导入配置方案”按钮，如图 6–5 所示。

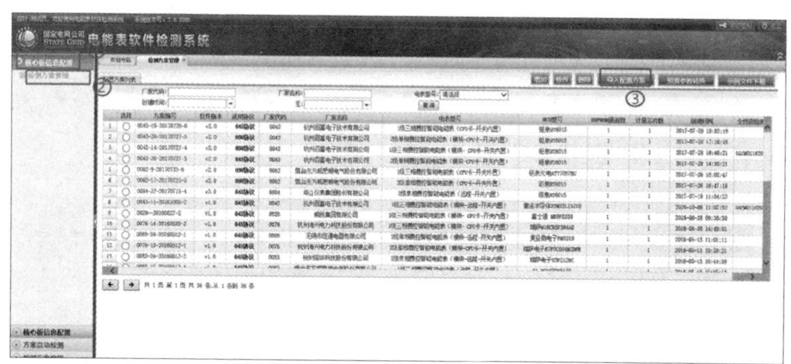

图 6–5 导入配置方案示意图

（2）单击“导入配置方案”按钮，弹出“导入配置方案”对话框，如图 6–6 所示。单击“浏览”按钮，选择生成的 .ini 格式文件，单击“导入”按钮，完成导入。

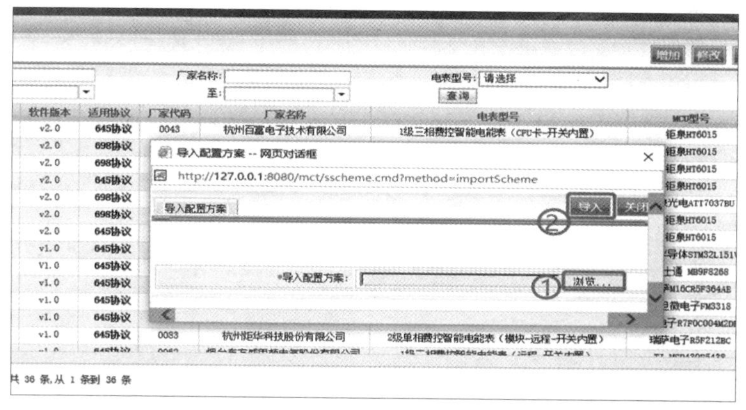

图 6–6 上传配置方案示意图

检测系统还提供了对检测方案的查看、修改及删除功能，当检测方案创建完成后，可以对检测方案进一步检查和修改，以确保检测方案信息准确无误。

6.4.3 .bin 文件格式转换

.bin 文件（EEPROM、Flash 初始化文件）格式转换：由 EEOROM 存储器 /Flash 存储器导出的 eeprom.bin/flash.bin 文件转换成 eeprom.ini/flash.ini 文件，用于对 EEPROM 存储器 /Flash 存储器的参数预置。操作步骤如下：

（1）成功登录系统后，单击菜单“软件方案管理”→“软件方案管理”，找到“预置参数转换”按钮，参见图 6-7 所示。

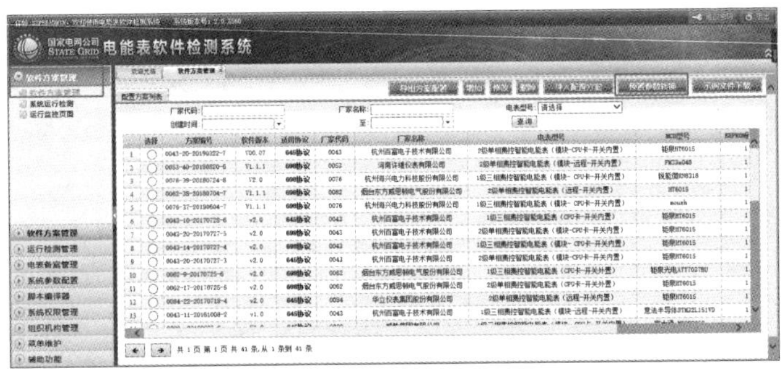

图 6-7　预置参数转换示意图

（2）单击“预置参数转换”按钮，弹出“预置参数转换”对话框，如图 6-8 所示。选择转换文件的类型后，单击“浏览”按钮，选择 eeprom.bin/flash.bin 文件，单击“转换”按钮，完成文件转换。

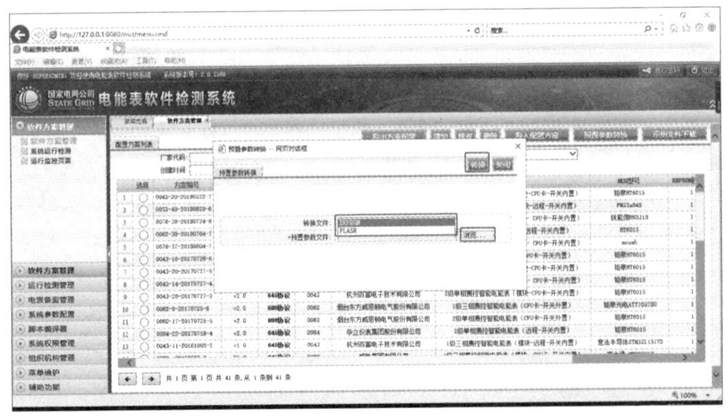

图 6-8　上传预置参数文件示意图

（3）文件转换成功后，进入文件下载页面，如图 6–9 所示。单击“点击下载”按钮，可以将转换后的文件下载并保存。文件格式为 eeprom.ini/flash.ini。

图 6–9　下载预置参数文件示意图

6.5　软件方案管理

6.5.1　软件方案说明

软件方案中涉及的参数如表 6–3 所示。

表 6–3　软件方案说明

分类	序号	参数	说明	填写方式	备注
基础信息	1	方案编号	由厂家代码—电能表型号—日期—序号组成	—	系统默认
	2	厂家编号	厂家统一编号	输入	
	3	额定电压	智能电能表正常工作时的电压	输入	
	4	额定电流	智能电能表正常工作时的电流	输入	

续表

分类	序号	参数	说明	填写方式	备注
基础信息	5	智能电能表型号	智能电能表类型	选择	
	6	MCU型号	MCU类型	选择	
	7	EEPROM通道数	当选择两个通道时在EEPROM配置时需要配置两片EEPROM	选择	
	8	计量芯片数	软件方案使用到的计量芯片个数	选择	
	9	脉冲常数	正常运行时智能电能表的工作脉冲常数值	输入	
	10	适用协议	被检MCU核心板支持的电能表协议	选择	645或698
	11	被测对象端口高电平值	MCU核心板引脚电平值（高电平）	选择	3.3V或5V
	12	预置参数文件	EEPROM文件转换后的数据文件（xxx.ini）	导入	
	13	方案描述	方便查找软件方案而编写的描述信息	输入	
EEPROM	14	存储器数量	每个通道包含的EEPROM芯片个数	选择	
	15	存储方式	EEPROM存储方式包括EEPROM、铁电	选择	

续表

分类	序号	参数	说明	填写方式	备注
EEPROM	16	设备地址	每片 EEPROM 的设备地址（A2A1A0）	选择	
	17	存储器容量	每一片 EEPROM 总容量，单位为 Byte	选择	
	18	单元地址类型	单元地址类型包括单字节、双字节	选择	
	19	是否分页	是否分页包括分页、不分页	选择	
	20	存储页大小	每一页的存储容量，单位为 bit	选择	
	21	数据块定义	数据项在 EEPROM 中位置的定义	多行输入	
计量配置	22	计量芯片型号	计量芯片的型号	选择	
	23	换算系数	换算系数 = 寄存器实际值 / 正常工作数据	输入	
外围接口	24	通信口配置	MCU 核心板中串口通信参数配置	选择	
	25	输入开关量	输入开关量的是相对于装置来说的，如脉冲信号、时钟信号等	选择	
	26	输出开关量	输出开关量是相对于装置来说的，如按键、开盖键	选择	

续表

分类	序号	参数	说明	填写方式	备注
时钟芯片	27	芯片类型	时钟芯片包含内置和外置	选择	
	28	时钟型号	时钟芯片的型号	选择	
	29	当前时间初始化标志	当前时间初始化标志包含是和否	选择	
数控电源	30	核心板供电电压	检测的核心板供电电压，单位为V	输入	
	31	核心板抄表电池供电电压	检测的核心板抄表电池供电电压，单位为V	输入	
	32	核心板时钟供电电压	检测的核心板时钟供电电压，单位为V	输入	
ESAM芯片	33	初始状态	初始状态为默认通电状态	默认	
	34	信号电压	信号电压为3.3V和5V	选择	
	35	通信方式	通信方式包括7816读写方式和SPI读写方式	选择	
	36	上传数据方式	上传数据方式包括传送处理后报文、传送处理前报文、传送处理前和处理后方式	选择	

续表

分类	序号	参数	说明	填写方式	备注
ESAM 芯片	37	控制方式	控制方式包括高电平供电和低电平供电	选择	
Flash 芯片	38	芯片型号	Flash 芯片的型号	选择	
	39	是否有预置文件	是否有预置文件包含是和否	选择	
	40	预置参数文件	Flash 文件转换后的数据文件（xxx.ini）	导入	
智能卡片芯片	41	卡插入电平状态	卡插入电平状态包括卡插入时常开和卡插入时常闭	选择	

例如，表格中第 21 项，定义电能表通信地址数据块，起始地址为 0X3C，长度为 6，表示电能表的通信地址在 EEPROM 存储器内从 0X3C 地址开始连续 6 个存储区。

又如，表格中第 24 项，设置电压换算系数：1C6B（十六进制）= 186BF4（十六进制）/220（十进制）。

6.5.2　软件方案增加

开始新的检测任务时，需要新增一个软件方案。新增软件方案操作步骤如下：

（1）成功登录系统后，单击菜单“软件方案管理”→“软件方案管理”，找到“增加”按钮，如图 6–10 所示。

（2）单击“增加”按钮，进入新增配置方案页面，如图 6–11 所示。填写相应信息，预置参数文件选择 eeprom.bin 文件进行上传，填写完成后，单击“保存”按钮。

（3）单击“保存”按钮后，切换到各功能单元板信息填写页面，依次进行 EEPROM、计量芯片、外围接口、时钟芯片、数控电源芯片、ESAM、Flash（三相表）、智能卡芯片等参数的填写和保存。

图 6-10　软件方案增加示意图

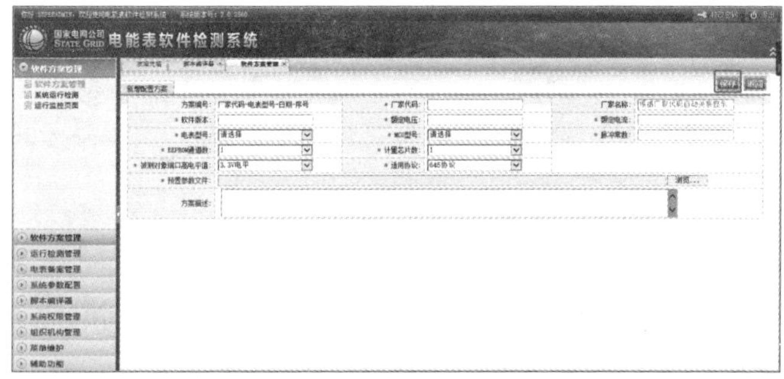

图 6-11　新增配置方案页面示意图

1）EEPROM 参数配置。

EEPROM 参数配置示意图如图 6-12 所示，包括基本配置信息、存储器和数据块定义配置。

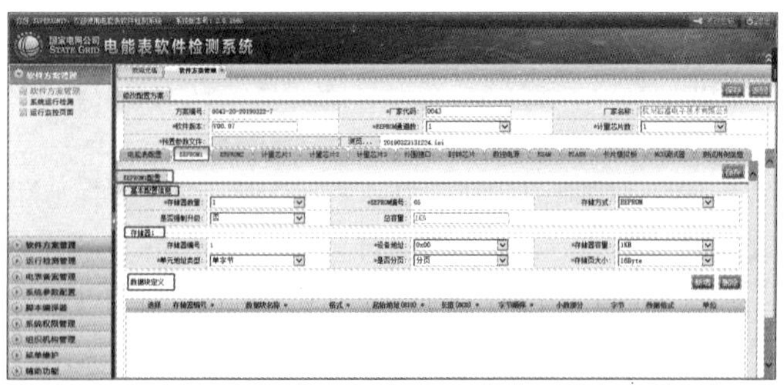

图 6-12　EEPROM 参数配置示意图

① 基本配置信息主要用来配置存储器数量、单元地址类型、是否分页、设备地址、存储器容量和存储页大小信息，如表 6–4 所示。

表 6–4　　EEPROM 基本配置信息说明

名称	说明	备注
存储器数量	本方案中所使用的寄存器数量	最大支持 4 片
单元地址类型	单字节 / 双字节	
是否分页	选择分页、不分页	是否区别跨页存储与存储器本身有关
设备地址	见图 6-12	
存储器容量	当前通道存储器总容量	每个通道单独填写
存储页大小	每一页存储容量	

② 数据块是指连续存储地址表示的同一数据项内容，该内容展示在检测运行页面，以方便监控数据内容的变化。设备地址示意图如图 6–13 所示。

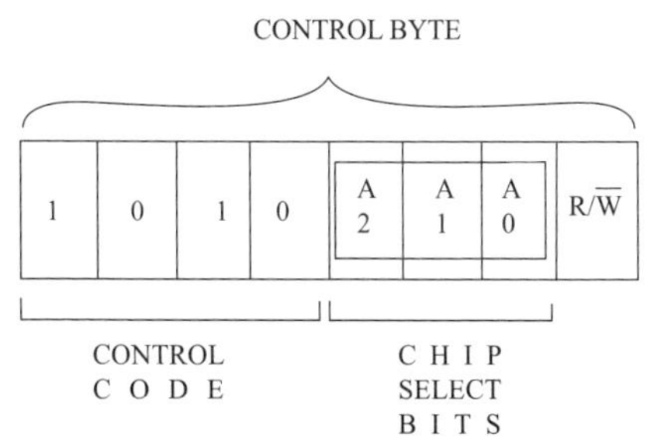

图 6–13　设备地址示意图

2）计量芯片参数配置。

计量芯片参数配置示意图如图 6–14 所示。其参数配置项说明如表 6–5 所示。

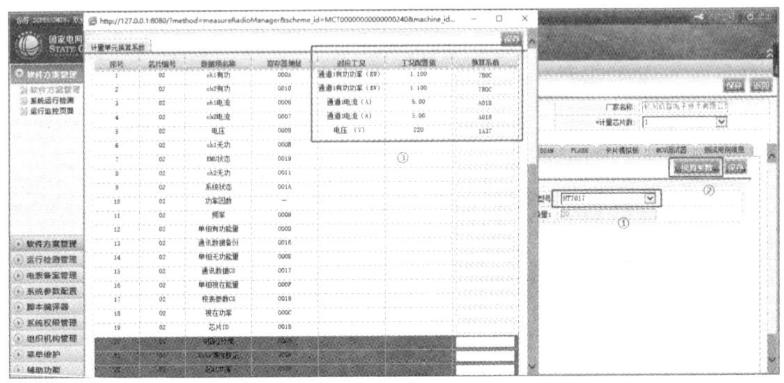

图 6-14　计量芯片参数配置示意图

表 6-5　　　　　　　计量芯片参数配置项说明

名称	说明	备注
设备编号	计量功能单元的编号	默认
计量芯片型号	MCU 核心板对应计量芯片的型号	
计量参数寄存器数量	计量芯片中对应的计量存储器个数	默认
校表参数寄存器数量	计量芯片中对应的计量存储器个数	默认
换算系数	存储的数据和实际值之间的换算系数	

3）外围接口参数配置。

① 通信接口参数配置示意图如图 6-15 所示。其参数配置项说明如表 6-6 所示。

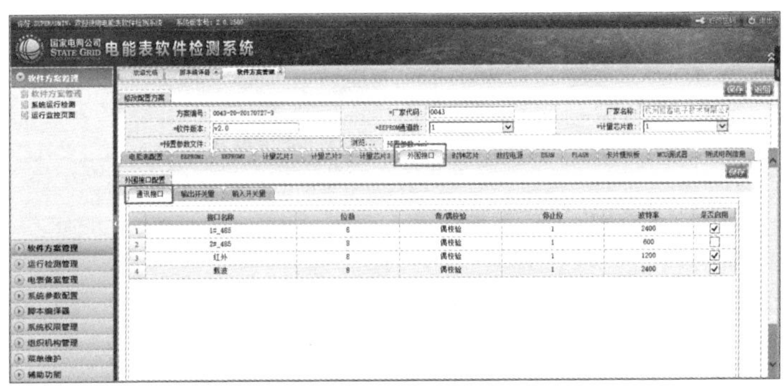

图 6-15　通信接口参数配置示意图

表6-6　　通信接口参数配置项说明

名称	说明	备注
接口名称	定义的接口名称	顺序与名称默认不能修改
位数	通信数据位	
奇 / 偶检验	通信检验位	
停止位	通信停止位	
波特率	通信波特率	
是否启用	是否支持此通信接口	

② 输出开关量参数配置示意图如图 6-16 所示，主要包括接口名称、引脚编号、初始电平、有效电平、脉冲周期、脉冲宽度、脉冲个数、关联输入、监视波形、关联状态使能、是否启用。其参数配置项说明如表 6-7 所示。

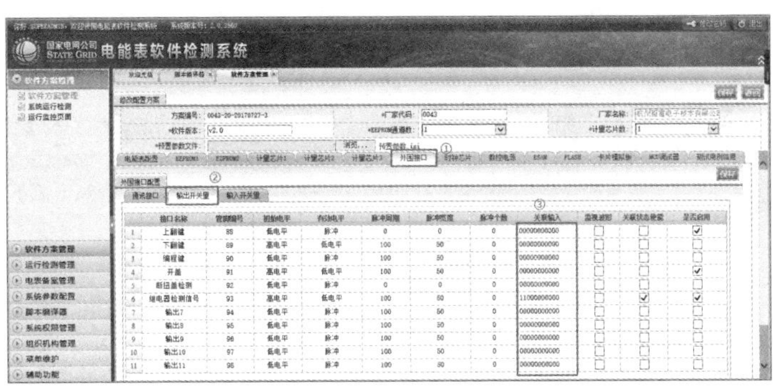

图 6-16　输出开关量参数配置示意图

表6-7　　输出开关量参数配置项说明

名称	说明	备注
接口名称	定义的接口名称	顺序与名称默认不能修改
引脚编号	定义硬件引脚	顺序与内容默认不能修改
初始电平	该引脚正常工作的电压值	

续表

名称	说明	备注
有效电平	执行按钮动作时提供的工作方式	此处建议使用脉冲方式，脉冲周期、脉冲长度、脉冲次数设置为0
脉冲周期	脉冲周期	
脉冲宽度	两个脉冲之间的时间间隔	
脉冲个数	发送脉冲的次数	
关联输入	继电器关联方式	
监视波形	控制该按钮的操作记录	
关联状态使能	配合监视波形使用，两者控制同步	
是否启用	在监控页面展示该按钮	

在输出开关量参数配置页面（图6–17）单击表格中的“关联输入”数据项，会弹出关联信号配置页面，如图6–17所示。

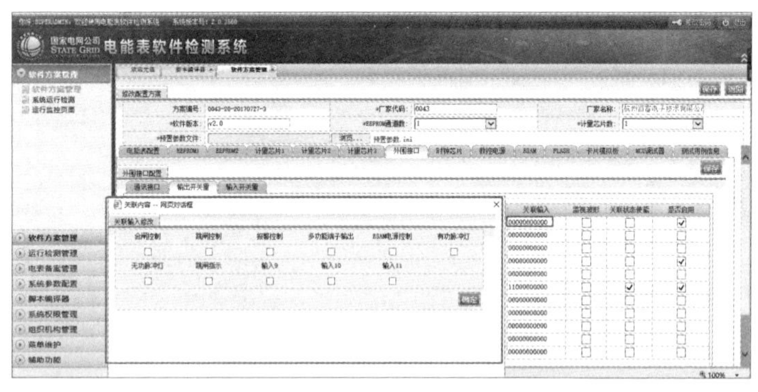

图6–17　关联信号配置页面示意图

在关联信号配置页面选中输入项后，页面上会根据选中项增加相应的配置项，如图6–18所示。

进行输出开关量参数配置后，在监控页面中，启用的输出开关量将显示出来，如图6–19所示。

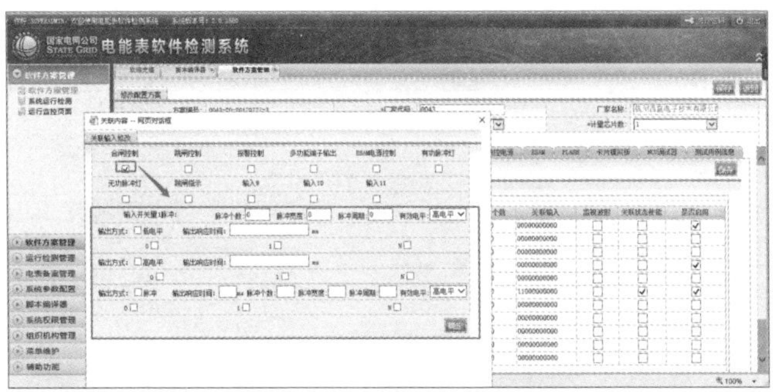

图 6–18　关联内容示意图

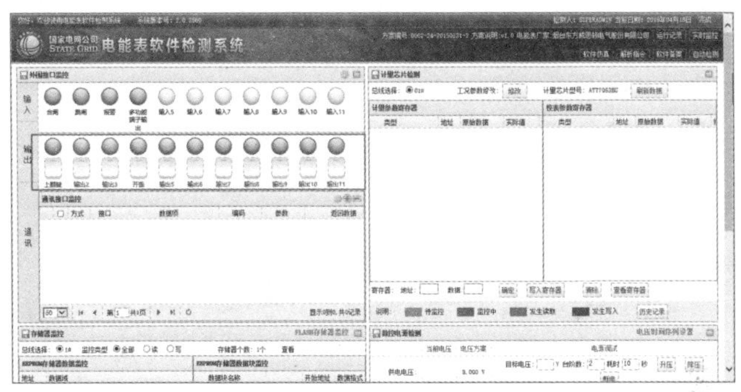

图 6–19　输出开关量示意图

③ 输入开关量参数配置示意图如图 6–20 所示，主要包括接口名称、引脚编号、虚拟信号灯显示电平、监视波形和是否启用。其参数配置项说明如表 6–8 所示。其参数配置配置完成后，在监控页面上的显示效果如图 6–21 所示。

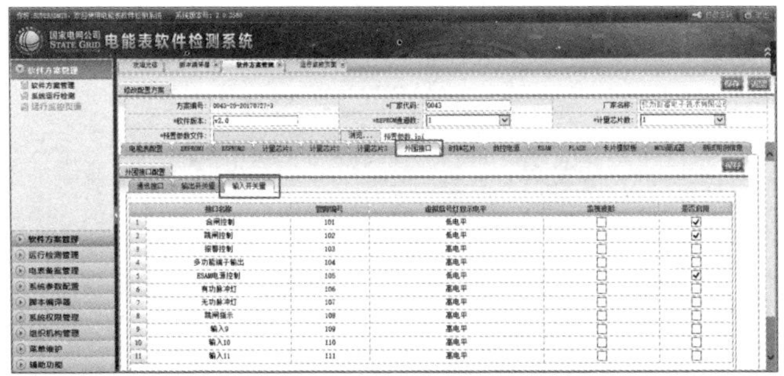

图 6–20　输入开关量参数配置示意图

表6-8　输入开关量参数配置项说明

名称	说明	备注
接口名称	定义的接口名称	顺序与名称默认不能修改
管脚编号	定义硬件管脚	顺序与内容默认不能修改
监视波形	控制指示灯的操作记录	
是否启用	在监控页面展示指示灯	

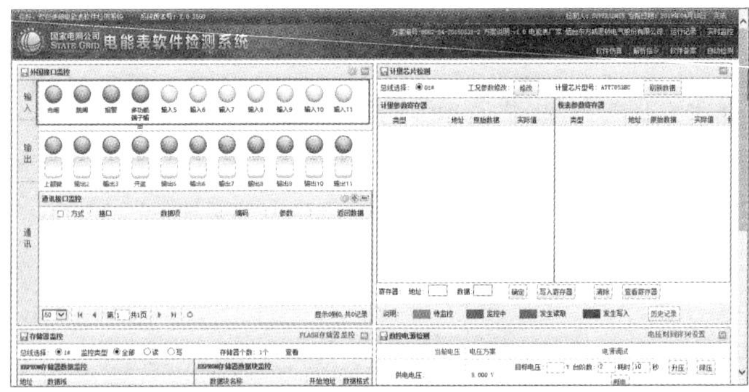

图 6-21　输入开关量示意图

4）时钟芯片参数配置。

根据是否采用 MCU 核心板集成时钟模块，将时钟分为外置芯片和内置芯片。时钟芯片配置示意图如图 6-22 所示。当时钟芯片为外置时，需要设置时钟型号和当前时间初始化标志。

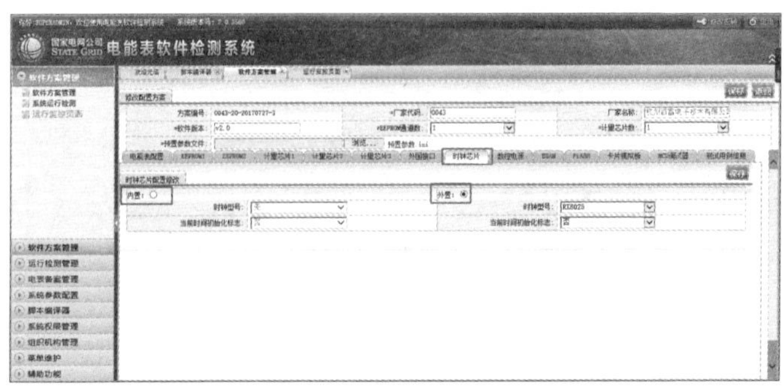

图 6-22　时钟芯片参数配置示意图

5）数控电源参数配置。

数控电源参数配置示意图如图 6–23 所示。其参数配置项说明如表 6–9 所示。

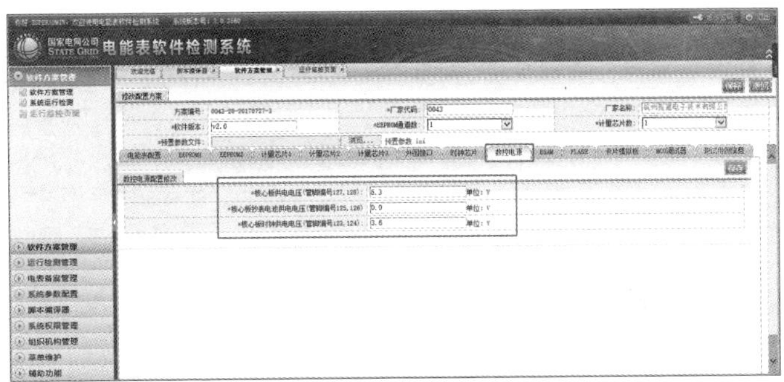

图 6–23　数控电源参数配置示意图

表 6–9　　数控电源参数配置项说明

名称	说明	备注
核心板供电电压	装置为核心板供电提供的电压值	输入
核心板抄表电池供电电压	装置为核心板抄表电池提供的电压值	输入
核心板时钟供电电压	装置为核心板时钟提供的电压值	输入

6）ESAM 参数配置。

ESAM 参数配置示意图如图 6–24 所示，主要包括初始状态、信号电压、通信方式、上传数据方式和控制方式。其参数配置项说明如表 6–10 所示。

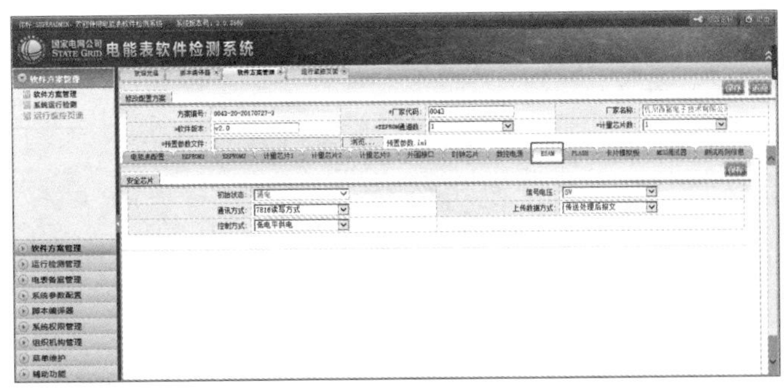

图 6–24　ESAM 参数配置示意图

表 6–10　　　　ESAM 参数配置项说明

名称	说明	备注
初始状态	ESAM 芯片是否供电	默认通电
信号电压	信号线提供的电压	输入
通信方式	ESAM 通信的方式、7816（645 电能表）、SPI（698 电能表）	选择
上传数据方式	ESAM 操作记录上传方式	选择
控制方式	ESAM 控制方式	选择

7）Flash 参数配置。

Flash 参数配置示意图如图 6–25 所示。其参数配置项说明如表 6–11 所示。

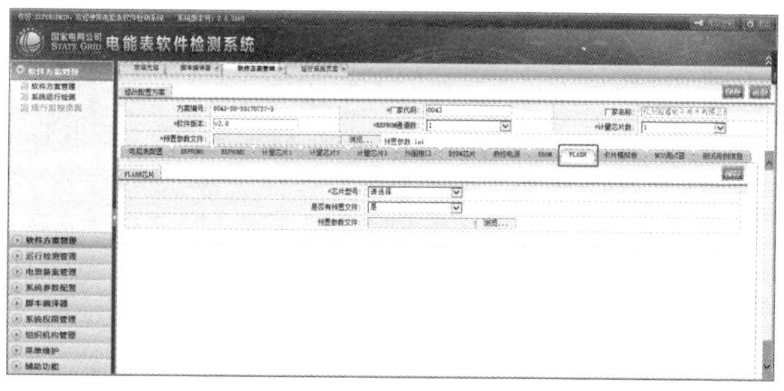

图 6–25　Flash 参数配置示意图

表 6–11　　　　Flash 参数配置项说明

名称	说明	备注
芯片型号	Flash 的芯片型号	选择
初始化数据	如果 Flash 文件特别大并且存储地址的初始化值对电能表运行无影响，可以选择否	选择
预置参数文件	导入转换后的文件	可参考本书第 5 章 5.1.2 节

8）智能卡片板参数配置。

智能卡片板参数配置示意图如图 6–26 所示。其参数配置项说明如表 6–12 所示。

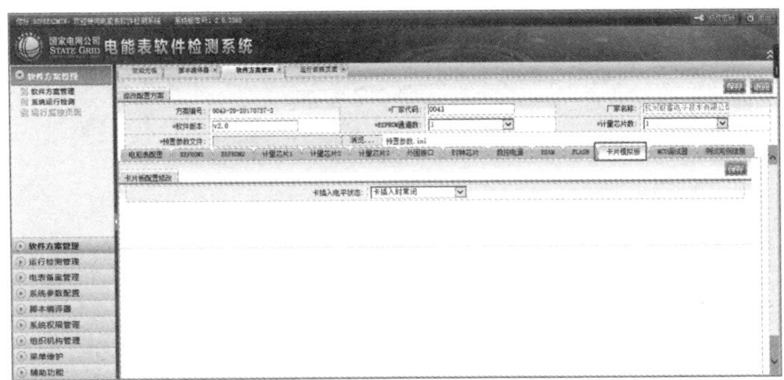

图 6–26　智能卡片参数配置示意图

表 6–12　　智能卡片参数配置项说明

名称	说明	备注
卡插入电平状态	MCU 核心板检测有卡片插入时，卡检测信号线有效电平的状态	

6.5.3　软件方案查询

软件方案查询是查询已经配置完成的电能表方案，进行信息查询和档案管理。成功登录系统后，单击菜单“软件方案管理”→“软件方案管理”，进入该软件“配置方案列表”页面，如图 6–27 所示。

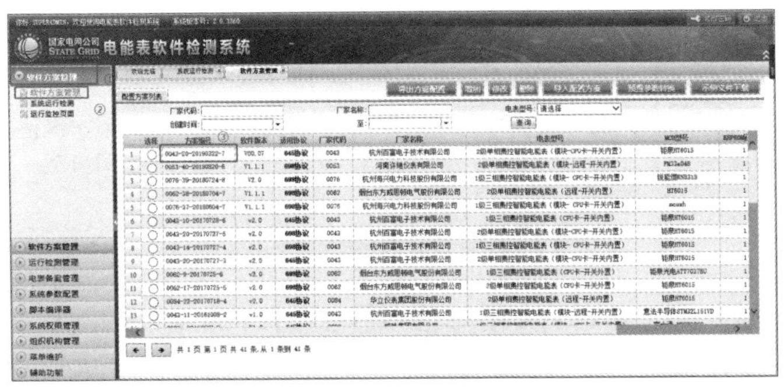

图 6–27　软件方案查询示意图

单击列表行内的“方案编号”数据项，如图 6-28 所示，可跳转到该软件“方案配置明细”页面，如图 6-28 所示。页面上包含有当前方案的所有配置信息，包括计量芯片、EEPROM 芯片、时钟芯片、外围芯片、数控电源芯片、智能卡片芯片等。

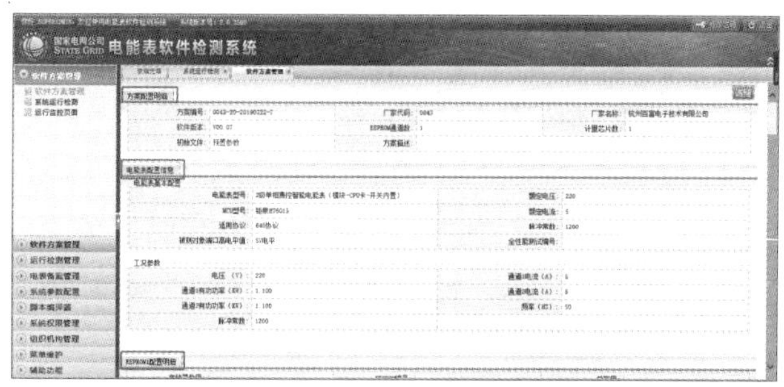

图 6-28　方案配置明细示意图

6.5.4　软件方案修改

软件方案修改是对已完成配置的方案的基本信息和参数信息进行修改，对方案进行更新维护。成功登录系统后，单击菜单“软件方案管理”→“软件方案管理”进入该软件“配置方案列表”页面，如图 6-29 所示。选择一条记录，单击【修改】按钮，即可跳转到软件方案修改页面。

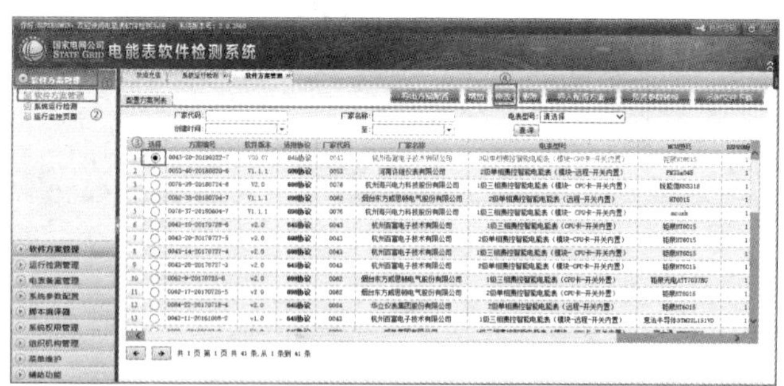

图 6-29　软件方案修改示意图

修改页面包含当前方案的基本信息和各功能芯片的配置参数信息，如图 6-30 所示。修改内容后，单击对应 Tab 页的“保存”按钮，即可完成修改。

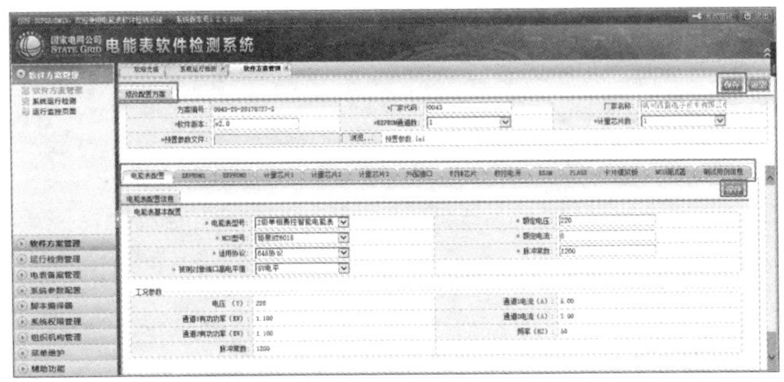

图 6-30　修改配置方案示意图

6.5.5　软件方案删除

对废弃方案进行删除操作，删除后的方案不可恢复。成功登录系统后，单击菜单“软件方案管理”→“软件方案管理”，进入该软件“配置方案列表”页面，如图 6-31 所示。选择想要废弃的记录，单击“删除”按钮，系统会删除此条方案记录，如图 6-32 所示。

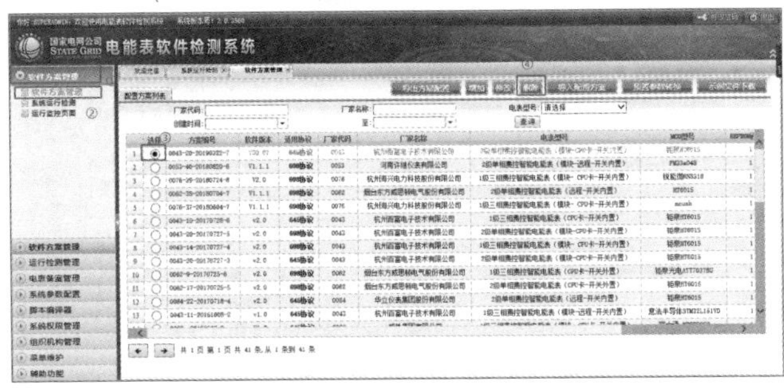

图 6-31　软件方案删除示意图

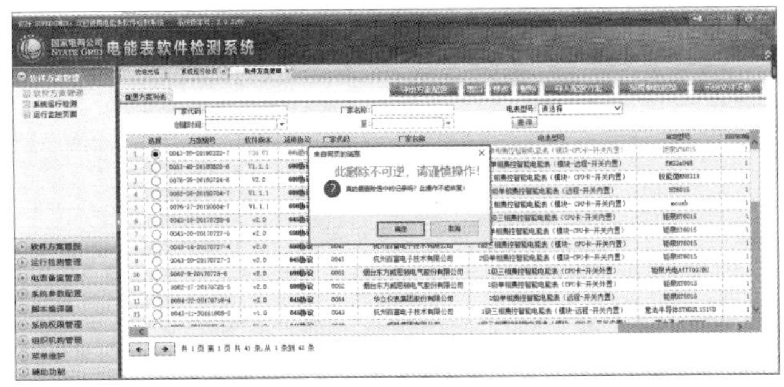

图 6-32　软件方案删除详情示意图

6.6 启动测试

6.6.1 手动测试

手动测试是根据相关标准规范或预先编制的测试方案，在监控页面通过手动修改各类芯片参数，有目的地改变软件的正常工作状态，模拟现场环境下各种复杂的工况，并基于灰盒测试的方法，观察智能电能表各项参数数据的变化，得出测试结论。监控页面是具有类似于示波器模式的功能页面，可以实现数据监听、错误注入、手动改变状态等操作。手动测试流程示意图如图 6–33 所示。

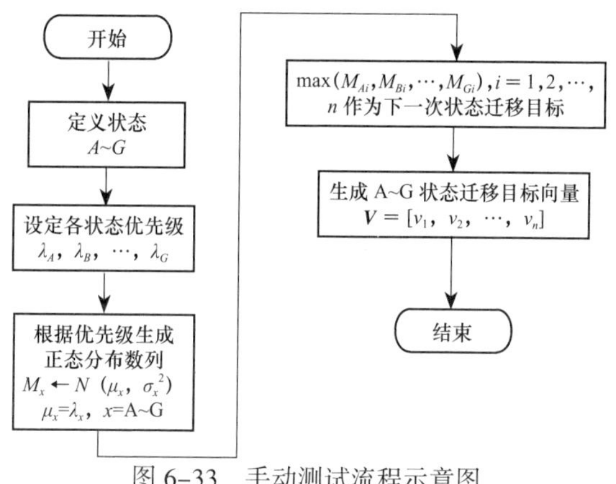

图 6–33 手动测试流程示意图

在登录系统后，单击菜单“软件方案管理”→“系统运行检测”，进入“检测方案列表”页面，选择需要检测的记录，单击【测试检测】按钮，弹出“发起检测”提示框，如图 6–34 所示。

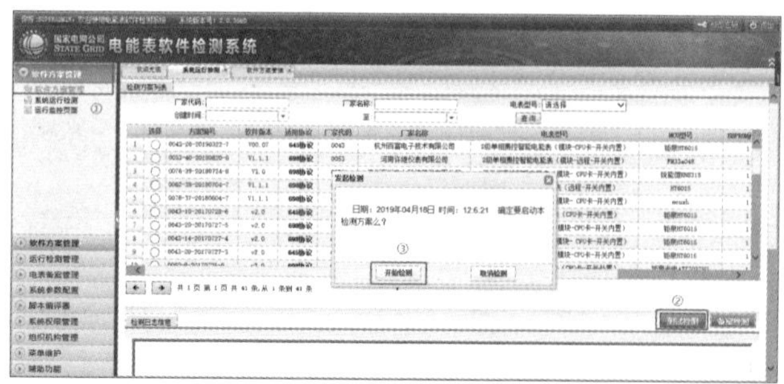

图 6–34 启动检测示意图

单击“开始检测”按钮，主站与SRTS装置建立连接，进行检测装置参数初始化。系统会将启动过程中的日志信息进行展示，如图 6–35 所示。

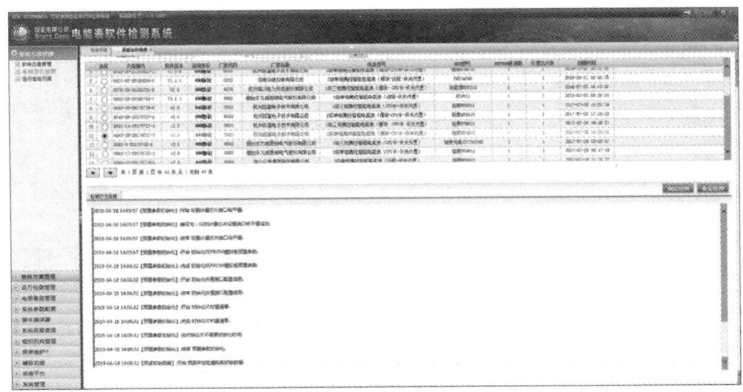

图 6–35　启动检测日志示意图

当各类芯片参数初始化并校验完成后，系统弹出“加电信息”的提示框，如图 6–36 所示。

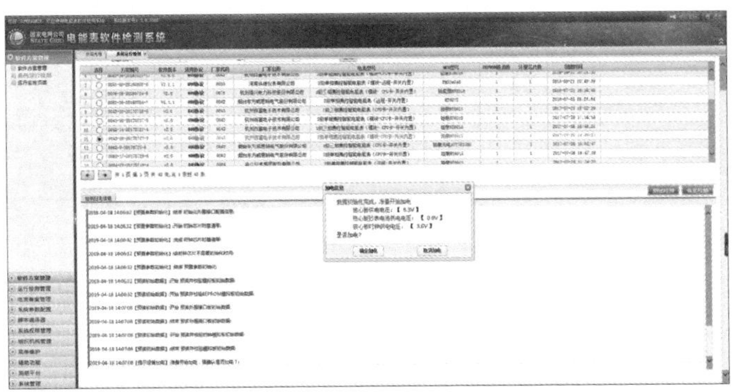

图 6–36　是否加电示意图

单击“确定加电”按钮，软件检测系统会发出指令，对 MCU 核心板进行加电，检测人员需要观察装置核心板液晶屏是否点亮。当加电成功后，系统会弹出“启动监控页面”提示框，如图 6–37 所示。

单击“打开监控页面”按钮，软件检测系统会弹出运行监控页面，如图 6–38 所示。

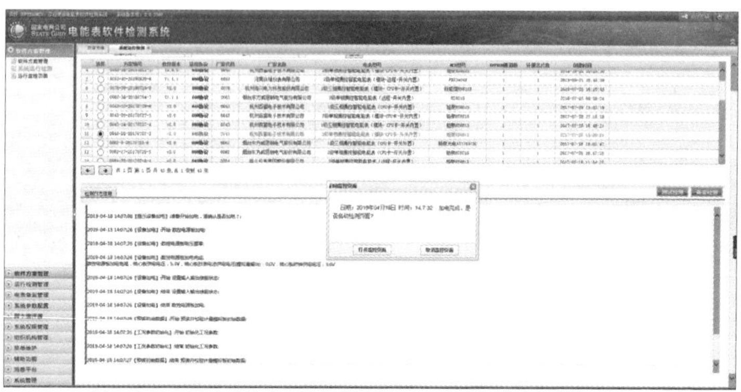

图 6–37　是否启动监控页面示意图

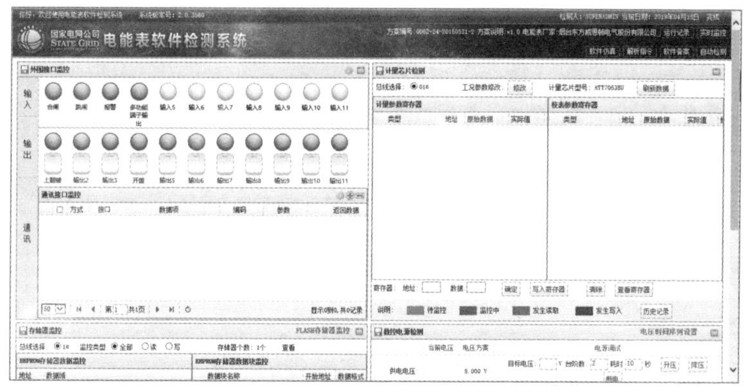

图 6–38　运行监控页面示意图

1. 外围接口

（1）输入开关量示意图如图 6–39 所示。将鼠标指针悬浮在图标①上会弹出提示框②，提示内容有开关编号、开关名称、初始电平、工作电平、监视使能、历史曲线信息。图中①处的图标会随着电平值的高低呈现不同颜色，高电平时为绿色（即点亮），低电平时为灰色（即不点亮）。单击提示信息中的“查看曲线”选项会弹出历史曲线图页面，如图 6–40 所示。

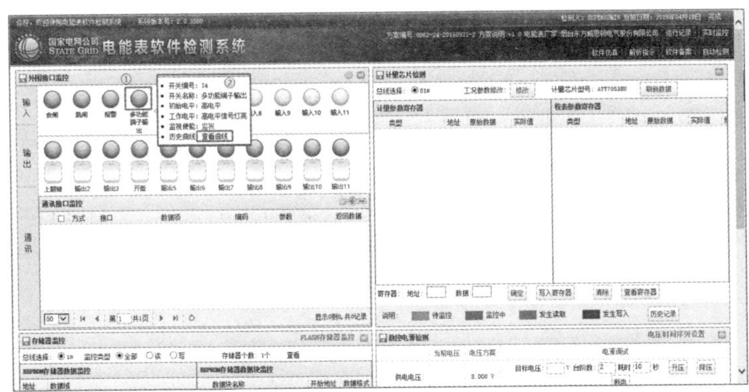

图 6–39　输入开关量示意图

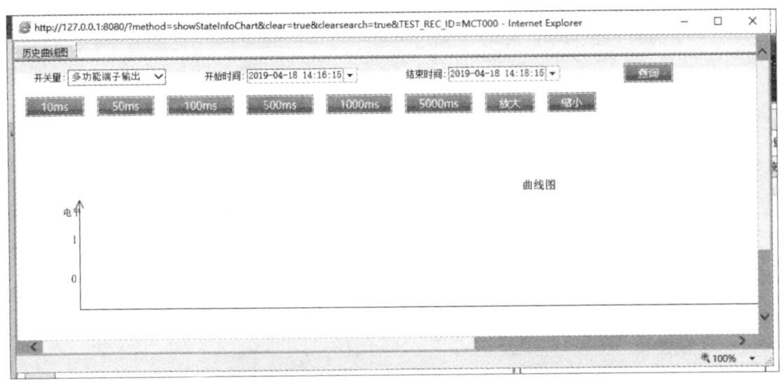

图 6–40　输入开关历史曲线图示意图

（2）输出开关量示意图如图 6–41 所示。将鼠标指针悬浮在图中的②处任意一个按钮上，会弹出提示框③，提示内容有开关编号、开关名称、初始电平、工作方式、监视使能、关联输入、关联使能、历史曲线信息。①处的按钮灯随着电平值的高低呈现不同颜色，高电平时为绿色（即点亮），低电平时为灰色（即不点亮）。在提示框③上，单击“查看曲线”选项时将弹出历史曲线图，如图 6–42 所示。在图 6–41 上，单击②时，可以翻转此输出在核心板对应 I/O 接口的电平状态。例如，单击“上翻键”，液晶显示会向上翻屏。

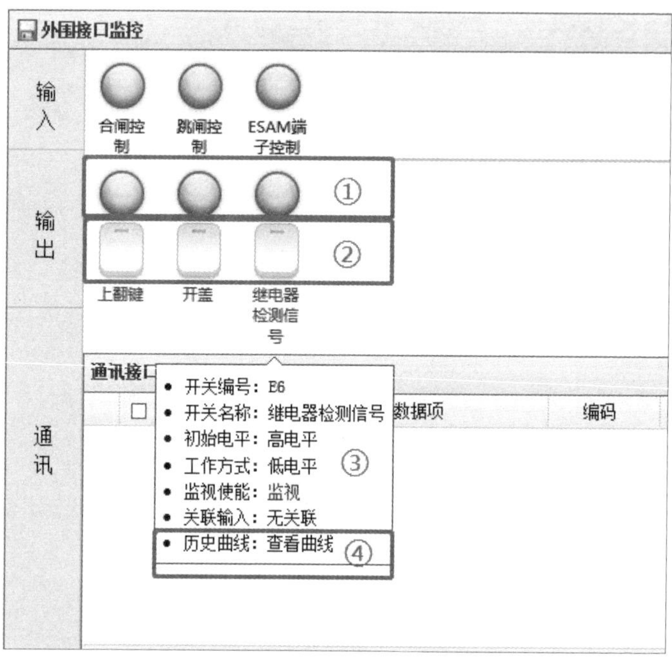

图 6–41　输出开关量示意图

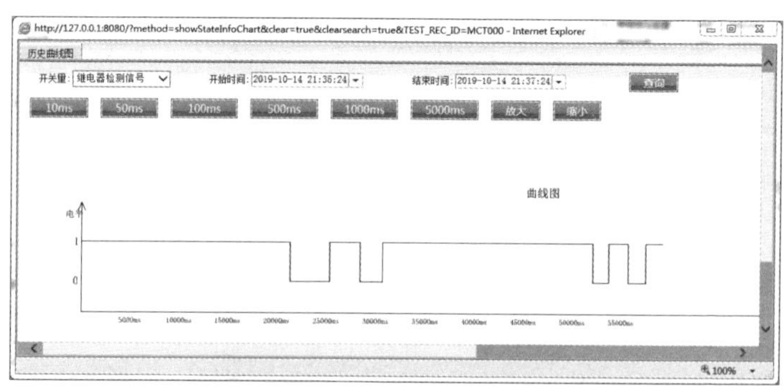

图 6–42　输出开关历史曲线示意图

（3）采用通信接口下发报文的方式与智能电能表进行通信交互，如图 6–43 所示，单击图中①处图标，弹出“电能表权限设置”对话框，如图 6–44 所示，可以进行电能表身份认证、密钥恢复和密钥下装操作。

通讯接口监控

		方式	接口	数据项	编码	参数	返回数据	状态	方式	发送时间
1	□	单个	1#_485	(当前)正向有功费率1电能量	00010100		0.31	发送完成	自动	09:57:17
2	□	单个	1#_485	(当前)正向有功总电能量	00010000		0.43	发送完成	自动	09:57:17
3	□	单个	1#_485	(当前)正向有功电能量数据块	0001FF00		0.41|0.31|0.0|0.0|0.1	发送完成	自动	09:57:17
4	□	单个	1#_485	(当前)组合有功总电能量	00000000		0.4	发送完成	自动	09:57:17
5	□	单个	1#_485	(当前)组合有功电能量数据块	0000FF00		0.38|0.31|0.0|0.0|0.06	发送完成	自动	09:57:17
6	□	单个	1#_485	(当前)组合有功总电能量	00000000		1.11	发送完成	自动	09:46:01
7	□	单个	1# 485							

50　第 1 共1页　显示1到7，共7记录

图 6–43　通信接口监控示意图

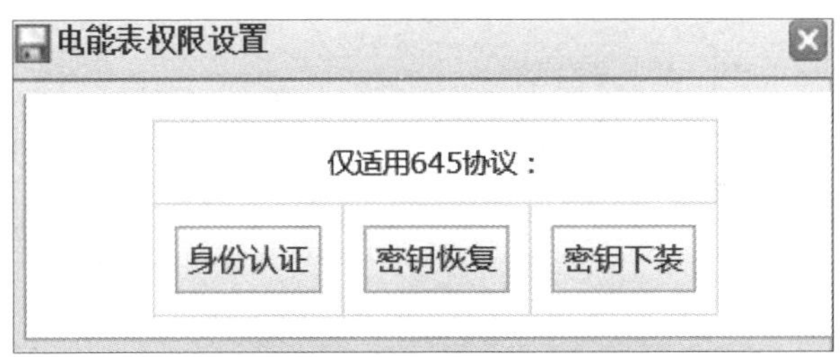

图 6–44　“电能表权限设置”对话框

（4）单击图 6–43 所示的②处“+”图标，会弹出生成报文的“通信协议选择”对话框，如图 6–45 所示，根据检测的核心板类型单击对应协议按钮，进入报文生成页面，如图 6–46 所示。

图 6–45　协议选择示意图

（5）在报文生成页面，如图 6–46 所示，首先选择操作类型（如读数据、写数据、跳合闸、报警、保电、安全认证等），然后选择对应的数据项，根据实际需要填写参数值（读数据不需要填写参数，写数据需要填写参数值，多个输入时采用“;”分割），最后根据页面上文本框的提示完成设置，单击“生成 645 报文”按钮生成报文，再单击【发送】按钮，完成报文发送。

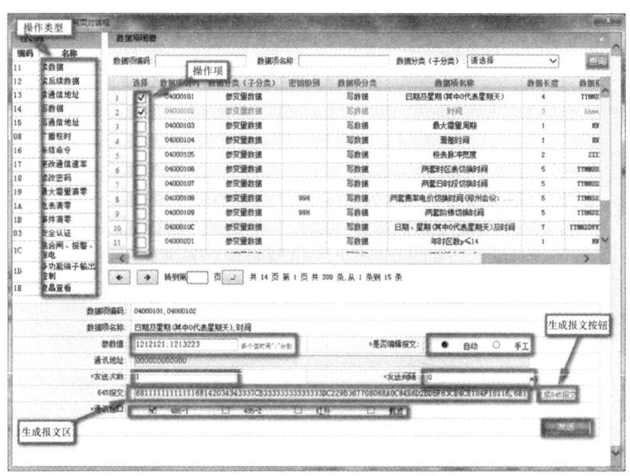

图 6-46　生成并发送报文示意图

注：此处的图 6-46 所示为 645 协议报文的生成和发送，如果是 698 协议，会略有不同，可以根据页面上的提示完成报文的生成和发送。

2. 计量芯片检测页面操作

该页面可实现对工况参数、计量参数寄存器数据和校表参数寄存器数据的修改功能，还可以查看计量历史记录操作。通过修改某个寄存器地址对应的数据（相当于人为破坏智能电能表的参数），观察 MCU 核心板是否可以在规定的时间内恢复到正常状态。

（1）工况参数操作。

如图 6-47 所示，单击“修改”按钮，弹出“工况参数修改”的对话框，可以对其相关数据进行修改、保存。

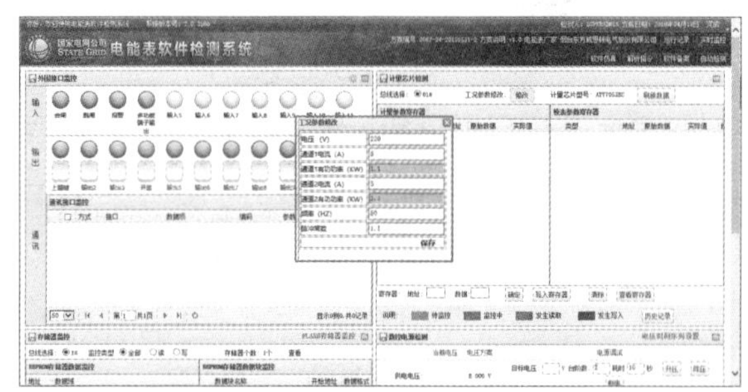

图 6-47　工况参数修改示意图

（2）计量、校表参数寄存器操作。

① 可通过寄存器数据的动态变化实现对寄存器的实时监控功能。其中，当“类型”字段背景颜色变成红色时，说明 MCU 核心板对寄存器上该地址的数据进行了写操作；当“类型”字段背景颜色变绿色时，说明 MCU 核心板对寄存器上该地址的数据进行了读操作。

② 在运行监控页面中，可以对计量参数寄存器和校表参数寄存器的某个地址数据进行修改，如图 6–48 所示。

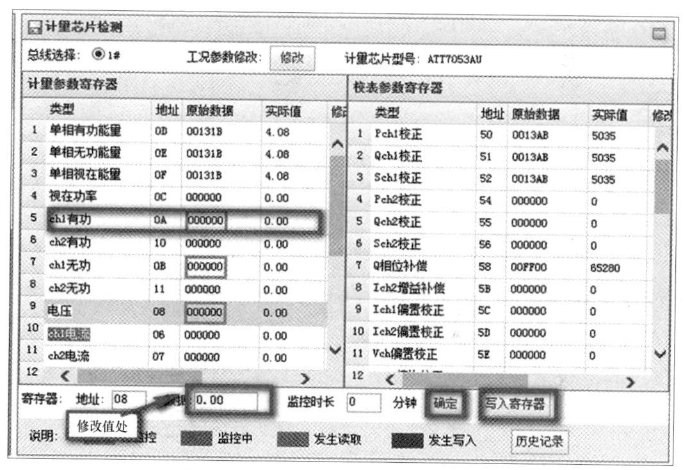

图 6–48　计量、校表参数设置示意图

（3）查看计量历史记录操作。

计量芯片检测页面可以查看寄存器上某地址的数据连续发生变化的情况。选择或输入一个寄存器地址，单击“历史记录”按钮后，会弹出寄存器数据历史记录页面，列表内容为该地址数据历史变化的情况，如图 6–49 所示。

	芯片编号	寄存器类型	寄存器地址	操作类型	发生时间	变化前原始数据	变化前数据	变化后原始数据	变化后数据
1	02	00	000D	电能表读取	2019-10-15 10:15:15.698	0000000A	10	0000000A	10
2	02	00	000D	电能表读取	2019-10-15 10:15:14.698	0000000A	10	0000000A	10
3	02	00	000D	电能表读取	2019-10-15 10:15:13.698	0000000A	10	0000000A	10
4	02	00	000D	电能表读取	2019-10-15 10:15:12.698	0000000A	10	0000000A	10
5	02	00	000D	电能表读取	2019-10-15 10:15:11.698	0000000A	10	0000000A	10
6	02	00	000D	电能表读取	2019-10-15 10:15:10.698	0000000A	10	0000000A	10
7	02	00	000D	电能表读取	2019-10-15 10:15:09.698	0000000A	10	0000000A	10
8	02	00	000D	电能表读取	2019-10-15 10:15:08.698	0000000A	10	0000000A	10
9	02	00	000D	电能表读取	2019-10-15 10:15:07.698	0000000A	10	0000000A	10
10	02	00	000D	电能表读取	2019-10-15 10:15:06.698	0000000A	10	0000000A	10

历史记录

台阶数：

台阶数：

台阶数：

图 6–49　寄存器数据历史记录示意图

3. EEPROM 存储监控页面操作

该页面主要实现对存储器数据和存储器数据块的监控功能。

（1）存储器数据监控和存储器数据块监控操作。

如图 6–50 所示，监控类型包含读、写和全部。系统默认为全部，即监控 MCU 核心板对 EEPROM 数据和数据块的读、写操作；在存储器数据监控或存储器数据块监控区域选择一个地址数据，在“开始地址”文本框中会显示该数据的地址，可以在“数据”文本框内对该数据进行修改，单击“写入存储器”按钮，将会对该数据完成修改。

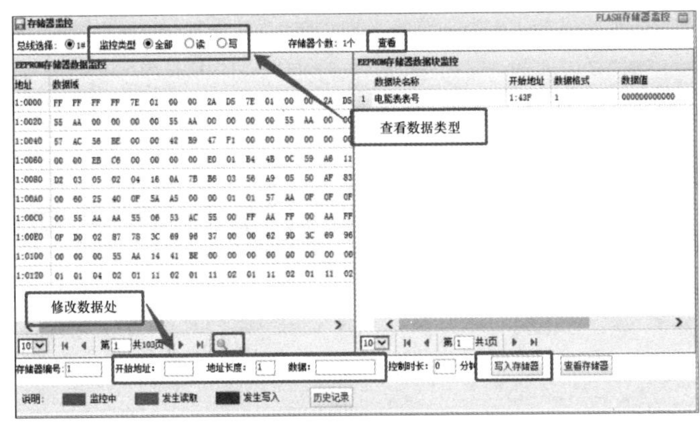

图 6–50　EEPROM 寄存器监控示意图

（2）查看 EEPROM 配置详情。

此功能是在检测方案运行期间查看 EEPROM 相关配置信息和数据块信息。单击“查看”按钮，会弹出显示 EEPROM 的基本配置信息和数据块定义相关信息，如图 6–51 所示。

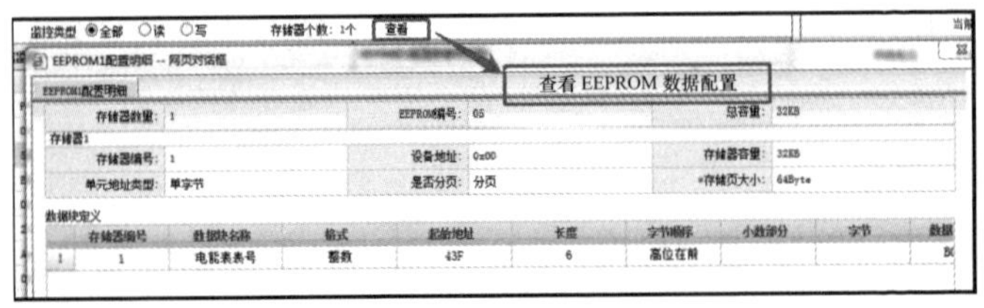

图 6–51　EEPROM 配置详情示意图

（3）EEPROM 数据定位。

由于 EEPROM 数据（地址）较多，在运行监控页面采取了分页的方法展示数据。同时可通过 EEPROM 数据定位功能，查看指定地址范围内的数据信息。如图 6–52 所示，单击“放大镜”图标会弹出定位窗口，输入开始和结束地址，单击“定位”按钮，可查看该区间内存储地址的数据信息。

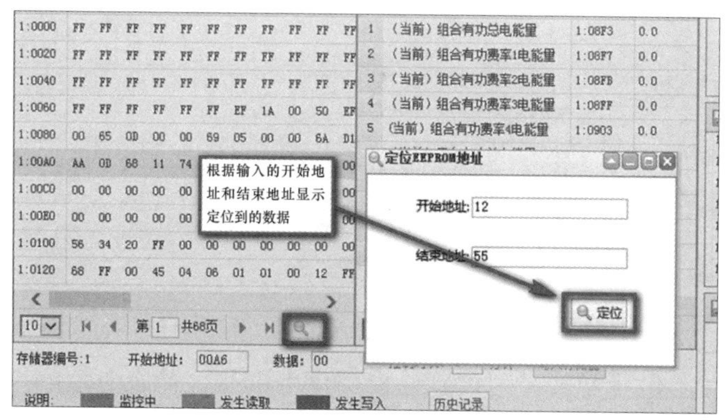

图 6–52　EEPROM 地址定位示意图

（4）查看 EEPROM 数据历史记录。

该功能可实现查看 EEPROM 内某一地址数据的历史记录。首先选择地址，然后单击“历史记录”按钮，弹出 EEPROM 数据历史记录页面，列表内容为该地址数据历史变化的情况，如图 6–53 所示。

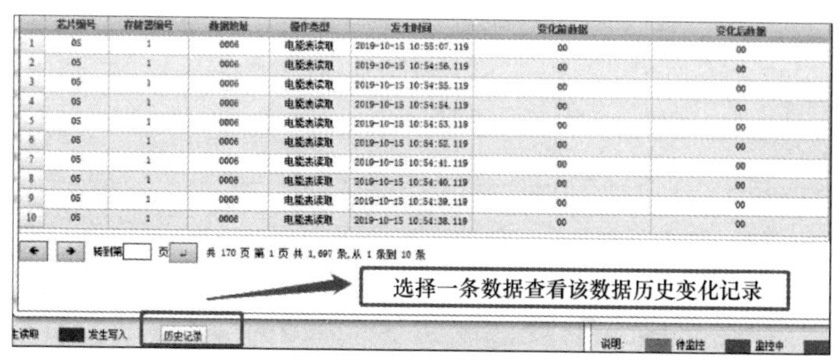

图 6–53　EEPROM 数据历史记录示意图

4. 数控电源操作

数控电源检测主要是对 MCU 核心板的供电电压、抄表电池电压和时钟电池电压进行升压、降压及断电操作。

（1）“当前电压”是当前智能电能表的运行电压，“电压方案”是配置软件方案时配置的电压，“目标电压”是要升到或降到的电压，“频率”是升 / 降压到目标电压的次数，“断电”是停止供电，如图 6–54 所示。

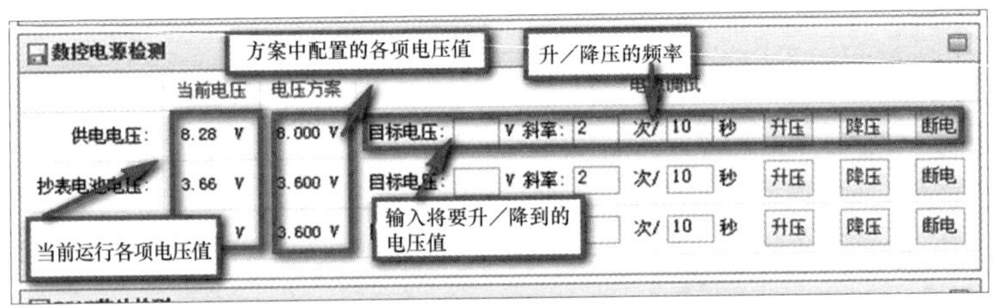

图 6–54　数控电源检测示意图

（2）电压时间序列设置是模拟供电电压、抄表电池电压、时钟电池电压的梯度升降测试，功能按钮位置如图 6–55 所示。单击“电压时间序列设置”按钮，弹出“设置页面”对话框，如图 6–56 所示。在设置测试电压类型（供电电压、抄表电池电压、时钟电池电压）、时间点（最大支持 20 个时间点）、间隔时间（毫秒）、电压值（毫伏）后，单击“提交”按钮，核心板液晶屏上会显示变化效果。

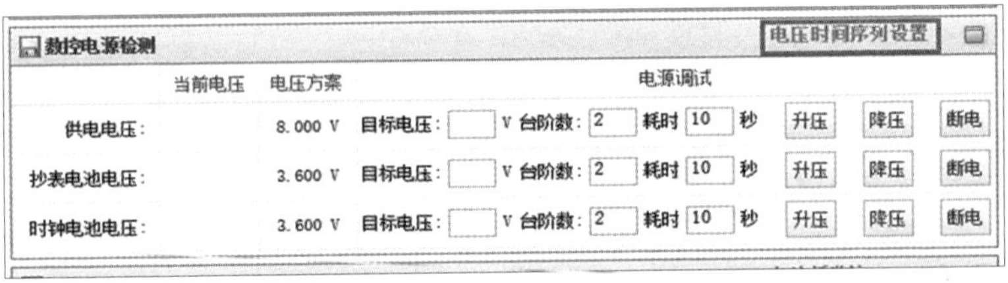

数控电源检测　　电压时间序列设置

	当前电压	电压方案	电源调试					
供电电压:		8.000 V	目标电压: V	台阶数: 2	耗时 10 秒	升压	降压	断电
抄表电池电压:		3.600 V	目标电压: V	台阶数: 2	耗时 10 秒	升压	降压	断电
时钟电池电压:		3.600 V	目标电压: V	台阶数: 2	耗时 10 秒	升压	降压	断电

图 6–55　电压时间序列设置示意图

注：电压值最大不可超过软件方案中数控电源配置的电压。

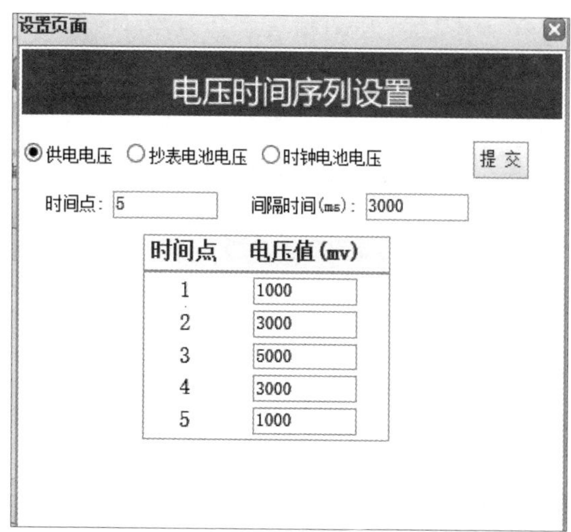

图 6-56　电压时间序列设置详情示意图

5. ESAM 芯片数据流监控

在运行监控页面中，ESAM 芯片模块可显示 MCU 核心板与 ESAM 芯片交互的数据信息，如图 6-57 所示。

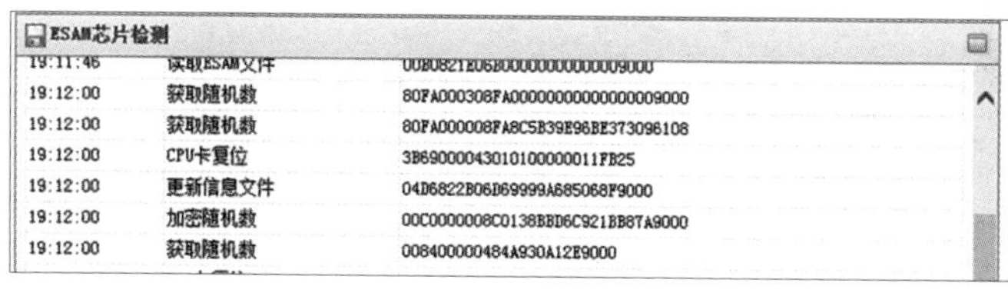

图 6-57　ESAM 芯片检测示意图

6. 卡片模拟板监控界面

（1）在运行监控页面中，单击“卡片板监控”按钮，可以对智能卡进行操作，按钮位置如图 6-58 所示。

图 6-58　卡片板监控示意图

（2）在弹出的“卡片模拟板页面”上，可以对预置卡和用户卡进行发卡、读卡和插拔卡操作，如图 6–59 所示。

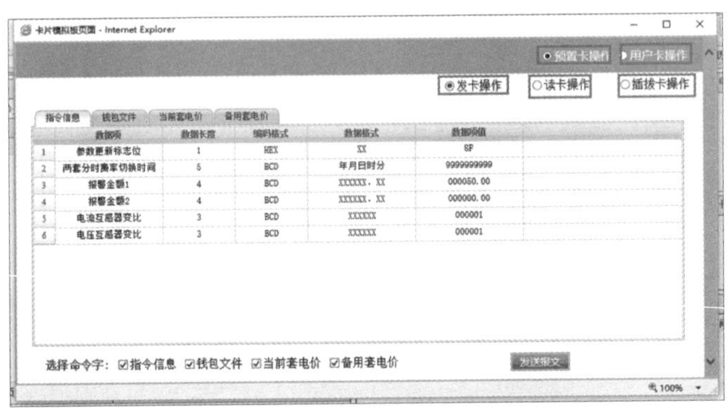

图 6–59　卡片模拟板页面示意图

6.6.2　自动测试

自动测试是指系统加载预先编制的测试脚本进行自动测试。自动测试流程示意图如图 6–60 所示。

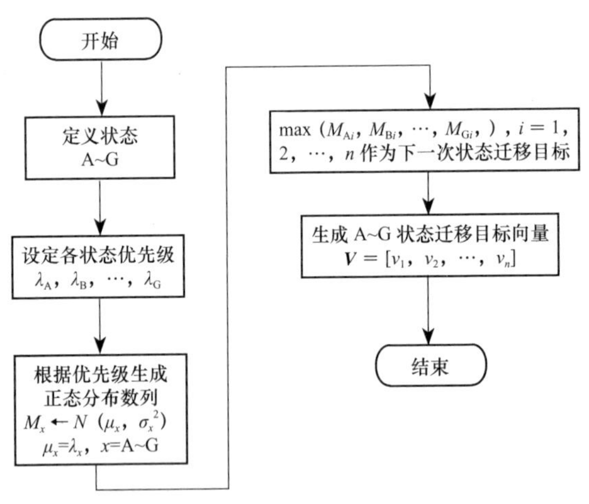

图 6–60　自动测试流程示意图

进入自动测试的流程与手动测试一致，区别是自动测试需单击在运行监控页面右上角的“自动检测”按钮，如图 6–61 所示。

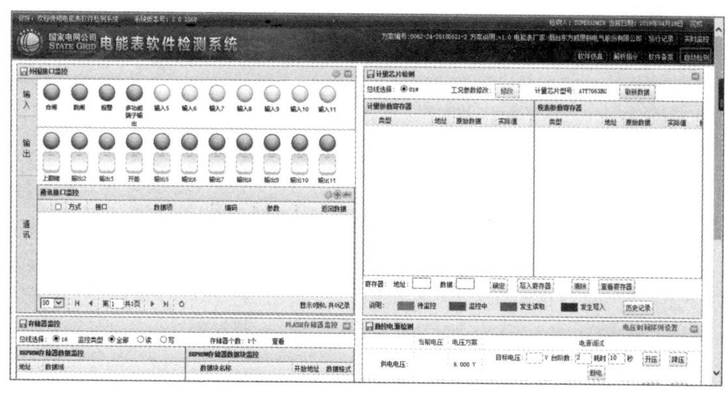

图 6–61　自动检测示意图

在弹出的对话框（图 6–62）中单击“浏览”按钮完成本地测试脚本文件的选择后，单击“导入”按钮。如果脚本文件正确，则跳转到脚本执行页面，如图 6–63 所示。脚本文件检测通过后则单击“开始检测”按钮，系统会自动执行脚本文件。执行脚本过程中，系统会把运行日志输出到窗口的文本框内。脚本执行结束后，系统会保存脚本文件、执行结果文件或执行过程中产生的数据文件到计算机内（如果同一脚本多次执行，这些保存的文件会进行替换，只保留最近一次的测试记录）。

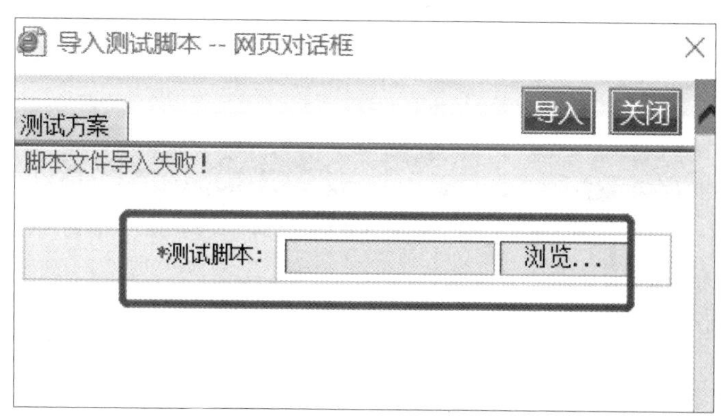

图 6–62　导入测试脚本示意图

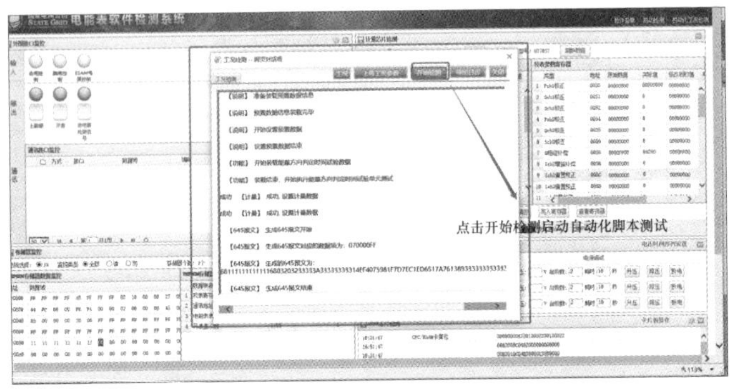

图 6-63　执行检测测试脚本示意图

6.7　脚本编辑器

脚本编辑器内嵌在检测软件系统中，通过可视化界面编辑用于自动测试的自动化测试脚本。中文脚本语言编辑器将检测流程细分单步执行动作，将这些动作组合起来，则形成一个可执行的脚本（测试用例）。

编辑器主要有 14 个功能模块，包含检测项、电源、计量、EEPROM、Flash、时钟、ESAM、外围板、645 通信、变量、系统、判断、卡模拟板和 698 通信。

成功登录系统后，单击“脚本编辑器”→“脚本编辑器”按钮，可进入自动脚本编辑器页面，如图 6-64 所示。

图 6-64　脚本编辑器页面示意图

6.7.1　检测项配置

检测项是用于配置测试脚本的通用性信息，检测项名称就像文章的标题一样，是某一个测试用例的总纲。

选择“检测项”选项卡，可以对检测项进行增删查改等操作，参见图 6–65。

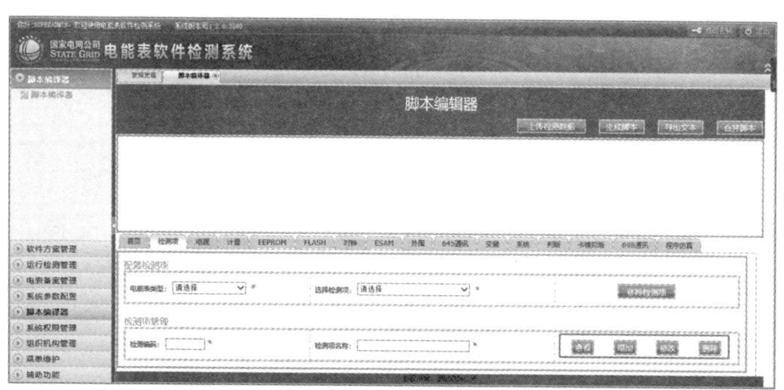

图 6–65　脚本模拟编辑器 – 检测项 A 示意图

检测项增加完成后，单击“电能表类型”下拉菜单，选择所检测的智能电能表类型。单击“选择检测项”下拉菜单，选择创建好的检测项，如图 6–66 所示。此时，系统会提示“创建检测开始标识成功”，最后即可对此测试用例进行脚本编辑。

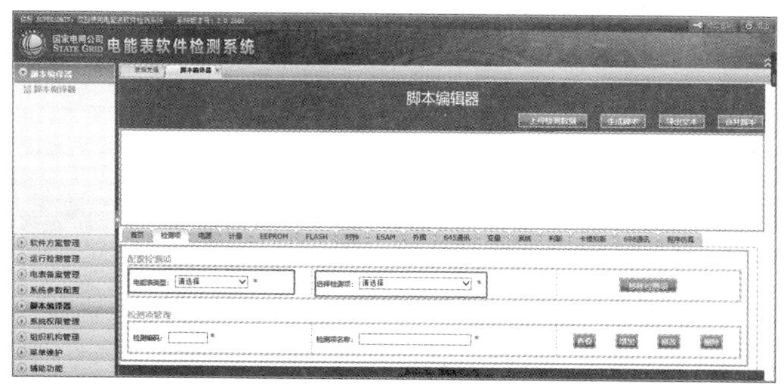

图 6–66　脚本模拟编辑器 – 检测项 B 示意图

6.7.2　电源配置

电源配置用于配置数控电源板的脚本测试语句，包括以下几个功能。

（1）电源设置：对核心板、抄表电池和时钟电池进行升压、降压和断电操作。其中，台阶数指执行一次升 / 降压动作过程中，电压控制系统执行的节拍数；总耗时指执行一次升 / 降压动作过程中，总耗费的时间，相当于 D/A。

（2）电源抄读：对核心板、抄表电池和时钟电池进行抄读操作，相当于 A/D。

（3）电压时间序列设置：使用时间序列曲线的方法自动设置一次电源板的升 / 降压操作。

电源设置：编写一条电源设置的脚本语句，按页面提示输入（选择）电源核心板类型（01– 核心板）、电压值（5.3V）、台阶数（1）、耗时（1）、操作类型（升压）、备注（设置电源板升压），填写完成后，单击“新增”按钮，将生成一条脚本语句，如图 6–67 所示。

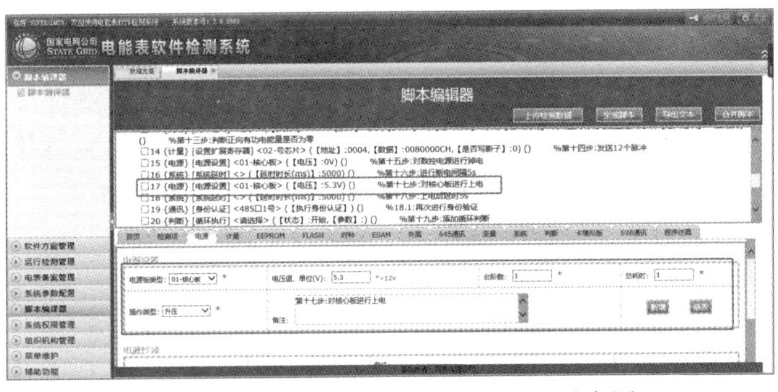

图 6–67　脚本模拟编辑器 – 电源 A 示意图

电源抄读：选择电源板类型和返回变量，即可抄读选择的电源板电压值，并赋值给变量，如图 6–68 所示。要使用变量，需要先创建变量。

电压时间序列设置：可以对供电电压、抄表电池电压和时钟电池电压进行梯度升降电压设置。单击“电压时间序列设置”按钮（图 6–69），弹出“设置页面”对话框。

图 6-68　脚本模拟编辑器 – 电源 B 示意图

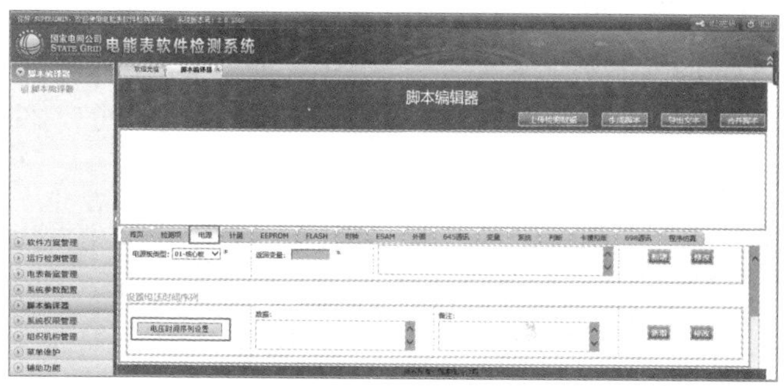

图 6-69　脚本模拟编辑器 – 电源 C 示意图

在“设置页面”对话框中，可以选择电压类型、输入设置的时间点、时间间隔和对应时间点上的电压值，如图 6-70 所示。单击“提交”按钮，窗口消失，会将设置信息保存在电源设置页面上，单击“新增”按钮即可完成新增电压时间序列设置。

图 6-70　脚本模拟编辑器 – 电源 D 示意图

6.7.3 计量配置

计量配置是对计量芯片模拟板的计量寄存器、校表寄存器和扩展寄存器的设置。

（1）寄存器设置：设置计量模拟板上某个寄存器的数值。

（2）寄存器抄读：抄读计量模拟板上某个寄存器的数值。

（3）数据写操作查询：在设定的时间内，连续查询计量模拟板上某个寄存器的写入次数并输出 Excel 表格。

寄存器设置：选择芯片型号，设置寄存器类型、寄存器地址及地址对应的数值，选择返回变量（在执行脚本时，系统会将设置寄存器数据时的当前系统时间赋值给变量，如果不需要此时间值，可以不选择变量），设置完成后，单击“新增”按钮即可，如图 6–71 所示。

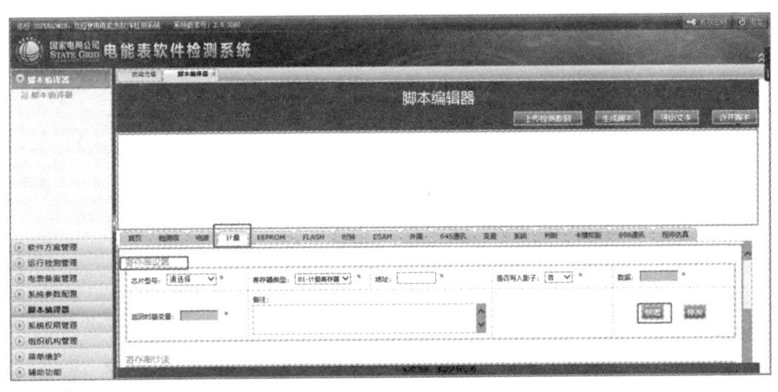

图 6–71 脚本模拟编辑器 – 计量 A 示意图

寄存器抄读：查询指定寄存器地址的数值，并将查询到的结果赋值给变量，可以对结果进行取反（先将结果转成二进制，并对每一位取反）操作；返回值类型（十进制或十六进制），设置完成后，单击“新增”按钮即可，如图 6–72 所示。

数据写操作查询：是统计一定时间段内指定的寄存器地址发生写操作的次数。时基变量表示时间段的起始值（要使用时基变量，必须先创建变量，并赋时间值给变量）；返回变量指的是将查询结果（写操作的次数）赋值给变量。设置完成后，单击“新增”按钮即可，如图 6–73 所示。

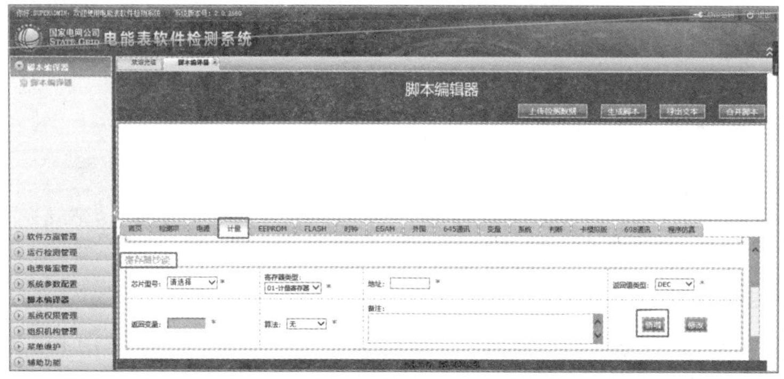

图 6–72　脚本模拟编辑器 – 计量 B 示意图

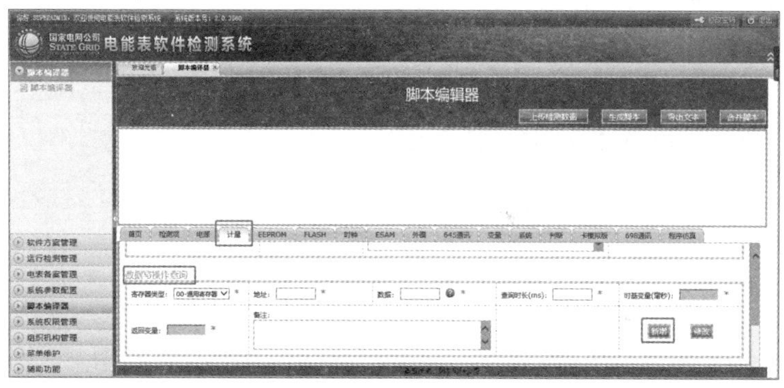

图 6–73　脚本模拟编辑器 – 计量 C 示意图

6.7.4　EEPROM 配置

EEPROM 配置是对 EEPROM 内的存储器进行设置、抄读及查询操作。

（1）存储器设置：设置 EEPROM 内某个存储器的数值。

（2）存储器抄读：抄读 EEPROM 内某个存储器的数值。

（3）数据写操作查询：在设定的时间内，连续查询 EEPROM 上某个存储器的写入次数并输出 Excel 表格。

（4）数据块写操作记录打印输出：在设定的地址范围内，根据起始时间和时间间隔将 EEPROM 内的数据块打印输出成 Excel 表格记录。

（5）所有地址操作记录打印输出：在设定的时间范围内，将EEPROM所有地址的操作记录打印输出成Excel表格记录。

EEPROM的设置、抄读、数据写查询方式如图6-74所示。设置方法与计量配置相似，具体参考本书6.7.3节。

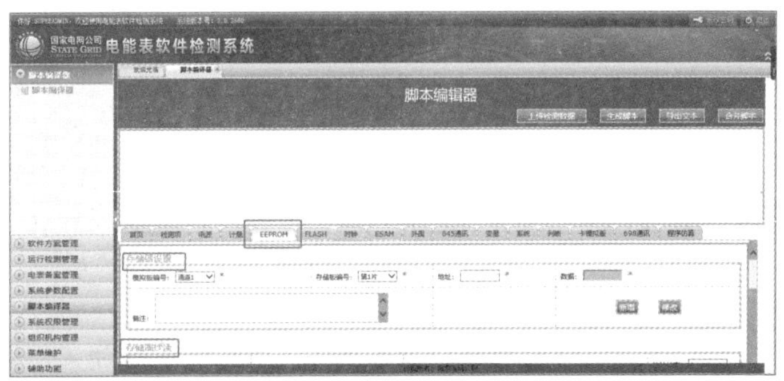

图6-74　脚本模拟编辑器-EEPROM_A示意图

数据块写操作记录打印输出：在一定时间段内，对指定的数据块（可以是多个）数据变化进行次数统计，并以Excel文件的格式打印统计结果，可以设置数据块的起始地址、地址长度、时间段的起始时间点、时间间隔、时间单位，如图6-75所示。

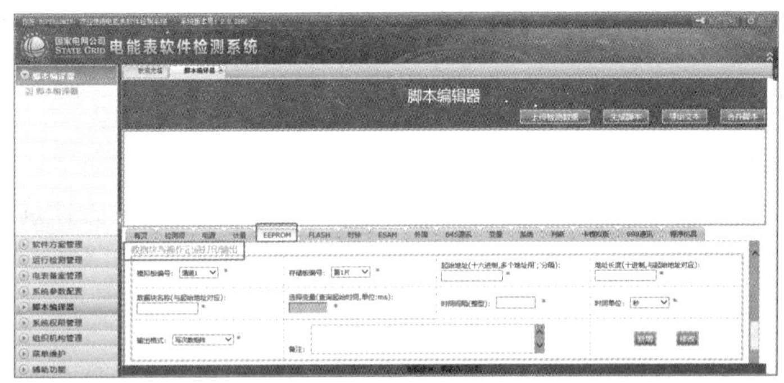

图6-75　脚本模拟编辑器-EEPROM_B示意图

所有地址操作记录打印输出：在一定时间段内，对EEPROM所有地址的数据变化进行次数统计，并以Excel文件格式打印统计结果，可以选择存储板编号，设置时间段的起始时间点、时间间隔、时间单位，如图6-76所示。

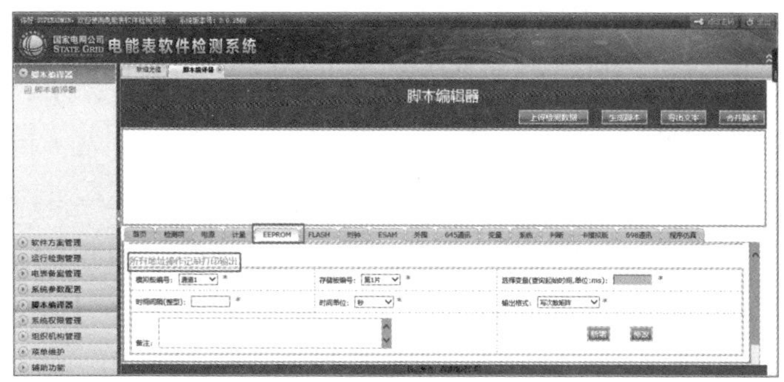

图 6-76　脚本模拟编辑器 -EEPROM_C 示意图

6.7.5　Flash 配置

Flash 配置是对 Flash 模拟板内指定地址的数据进行设置和抄读，并可以对写操作记录进行打印输出。

（1）指定 Flash 存储器数据设置：设置 Flash 内某个存储器的数值。

（2）指定 Flash 存储器数据抄读：抄读 Flash 内某个存储器的数值。

（3）写操作记录打印输出：在设定的地址范围内，根据起始时间和时间间隔将 Flash 内的数据块打印输出成 Excel 表格记录。

设置指定 Flash 存储器数据：根据要求在地址文本框输入 Flash 存储器的地址，在数据文本框输入要设置的数据，单击“新增”按钮即可，如图 6-77 所示。

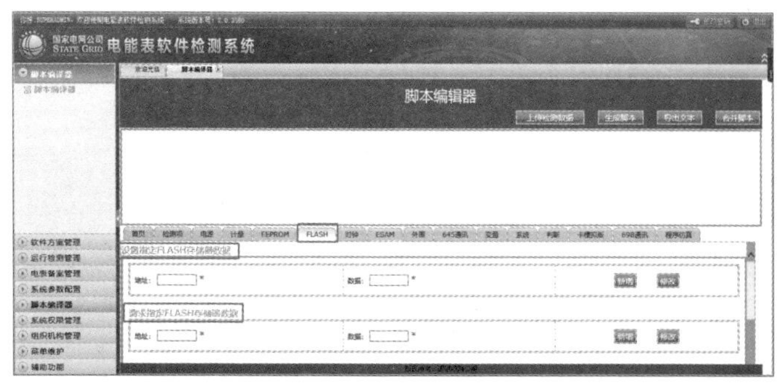

图 6-77　脚本模拟编辑器 -Flash_A 示意图

写操作记录打印输出：与 EEPROM 的数据块写操作记录打印输出配置相似，可参考本书的 6.7.4 节。Flash 写操作记录打印输出如图 6–78 所示。

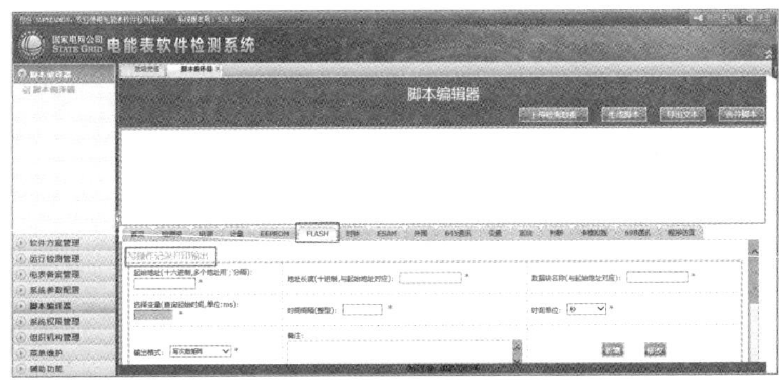

图 6–78　脚本模拟编辑器 –Flash_B 示意图

6.7.6　时钟配置

时钟配置是对时钟内某个寄存器地址的数据进行设置和抄读。

（1）寄存器设置：设置时钟内某个寄存器的数值。

（2）寄存器抄读：抄读时钟内某个寄存器的数值。

设置、抄读时钟芯片上指定地址的数据，如图 6–79 所示，配置方法与计量配置相似，参见本书 6.7.3 节。

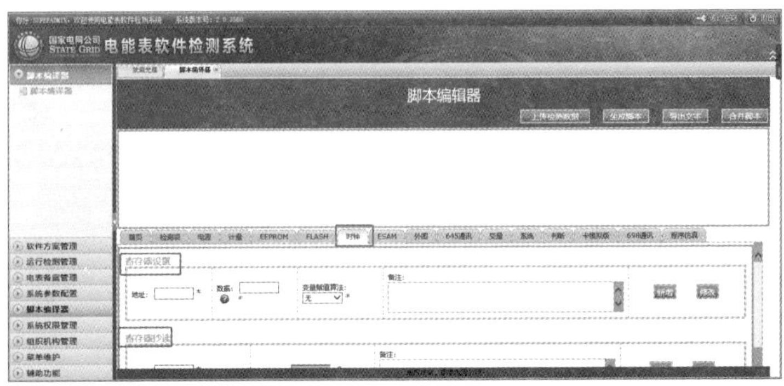

图 6–79　脚本模拟编辑器 – 时钟示意图

6.7.7　ESAM 配置

ESAM 配置是对 ESAM 内的电源进行通电或断电控制，参见

图 6-80。

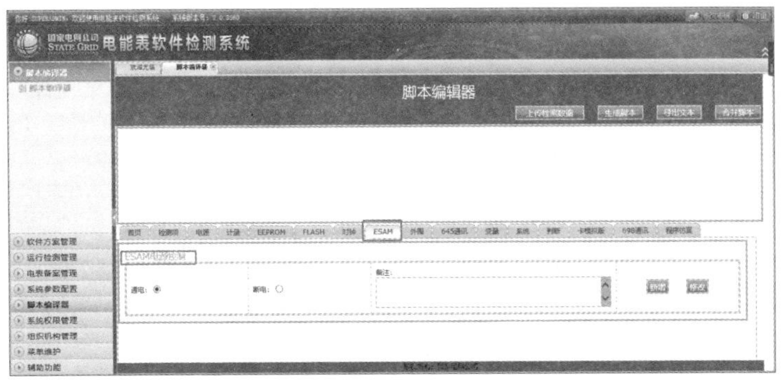

图 6-80　脚本模拟编辑器 -ESAM 示意图

6.7.8　外围板配置

外围板配置是对外围板执行控制命令操作，主要是控制输出开关量的动作，如“开表盖”“上翻键”“下翻键”等，可对以下参数进行配置：开关编号、工作方式、脉冲周期、脉冲宽度、脉冲个数、执行次数、返回变量，如图 6-81 所示。

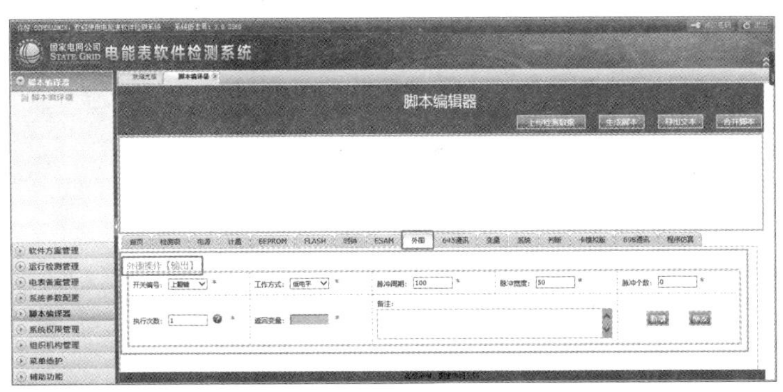

图 6-81　脚本模拟编辑器 - 外围示意图

6.7.9　卡模拟板配置

卡模拟板配置是对预置卡和用户卡进行设置操作。

卡片类型分为预置卡和用户卡，操作方式有读卡、发卡和插拔卡，如图 6-82 所示。

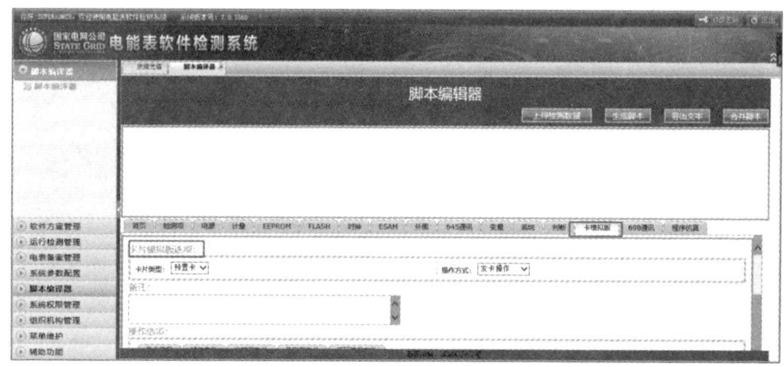

图 6–82　脚本模拟编辑器 – 卡模拟板 A 示意图

操作选项：主要针对发卡操作，设置发卡时指令信息、钱包文件、当前套电价和备用套电价的文件信息，参见图 6–83。

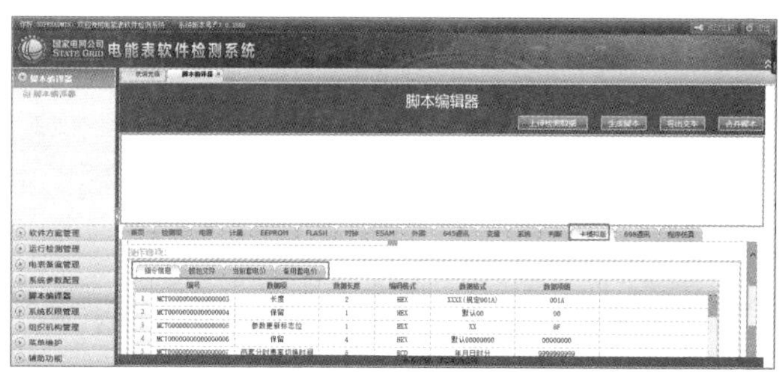

图 6–83　脚本模拟编辑器 – 卡模拟板 B 示意图

选择命令字：指定读卡或发卡时选择哪个指令文件，默认为全选，参见图 6–84。

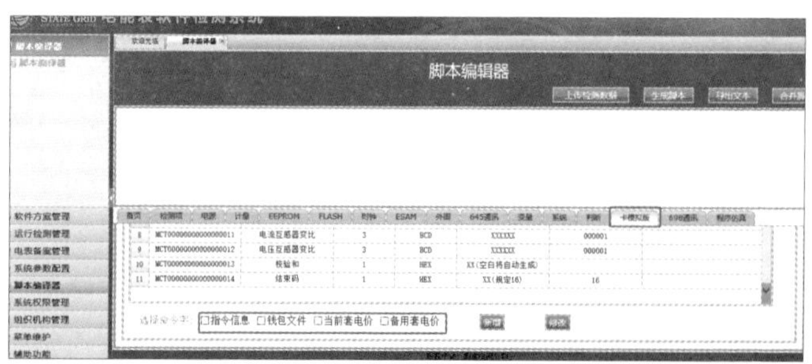

图 6–84　脚本模拟编辑器 – 卡模拟板 C 示意图

6.7.10　通信（645）配置

通信（645）配置是对 645 协议通信报文的操作，主要包括以下几种操作：

（1）发报文：通过指定通信口（如 485 口、红外、载波）对 MCU 核心板（电能表）进行操作（读、写、清零等），参见图 6–85。

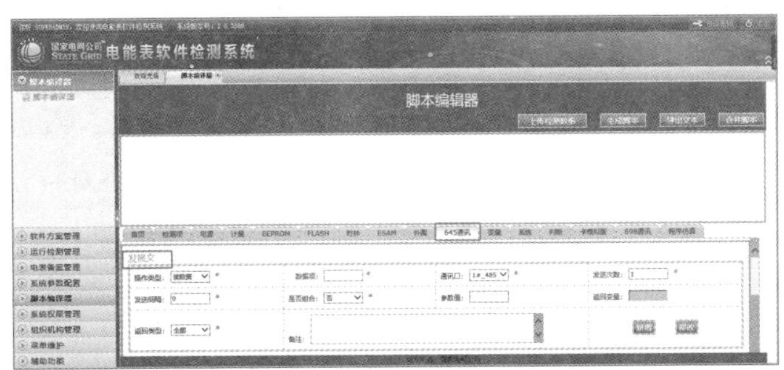

图 6–85　脚本模拟编辑器 – 通信（645）示意图

（2）秘钥管理：对 MCU 核心板（电能表）进行密钥下装和密钥恢复。

（3）身份验证：对 MCU 核心板（电能表）进行身份验证。

（4）红外认证：对 MCU 核心板（电能表）进行红外认证。

6.7.11　通信（698）配置

通信（698）配置是对 698 协议通信报文的操作，主要包括以下几种操作：

（1）发报文：通过指定通信口（如 485 口、红外、载波）对 MCU 核心板（电能表）进行操作，如设置时区时段、读取有功总电能等，如图 6–86 所示。

（2）身份验证：对 MCU 核心板（电能表）进行身份验证。

（3）钱包管理：对 MCU 核心板（电能表）进行钱包初始化。

（4）秘钥管理：对 MCU 核心板（电能表）进行密钥下装和密钥恢复。

（5）远程控制：对 MCU 核心板（电能表）进行跳合闸操作。

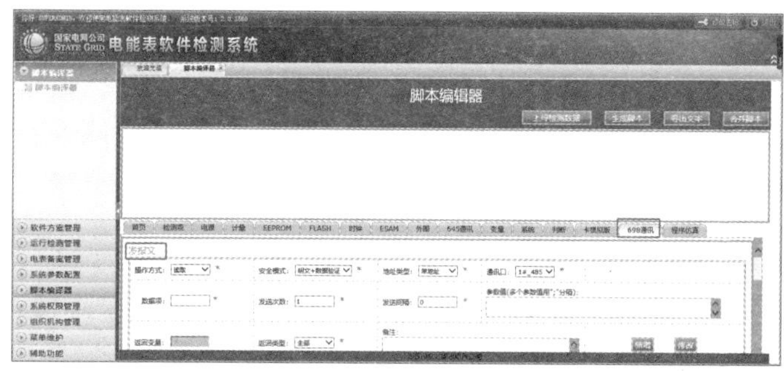

图 6-86　脚本模拟编辑器 - 通信（698）示意图

（6）红外认证：对 MCU 核心板（电能表）进行红外认证。

（7）远程表初始化：对 MCU 核心板（远程电能表）进行数据初始化。

6.7.12　变量

变量配置是对变量的新建和对变量之间的运算。

（1）新建变量：对数值赋值及传递。

（2）数值计算：对变量的值进行四则运算。

新建变量：目的是保存各种操作（查询、设置等）过程中返回的结果数据，以便对这一数据进行持续操作或与预定数值进行比较，如图 6-87 所示。

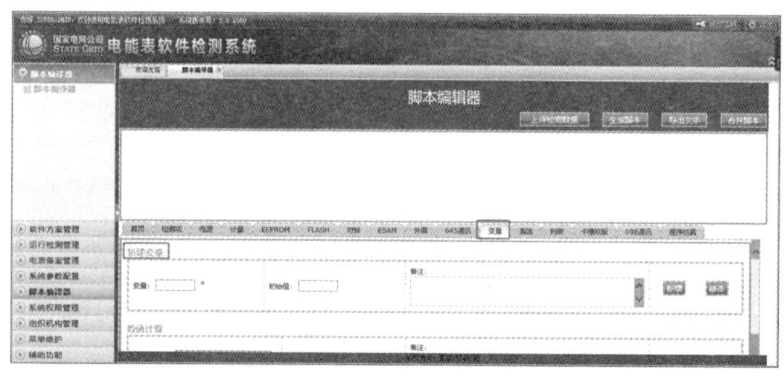

图 6-87　脚本模拟编辑器 - 变量 A 示意图

数值计算：对变量（值）进行运算，将结果赋值给输出变量。在运算方程式文本框中输入四则运算表达式（每次只能做一次运算），再选择输出变量，单击“新增”按钮即可，如图 6–88 所示。

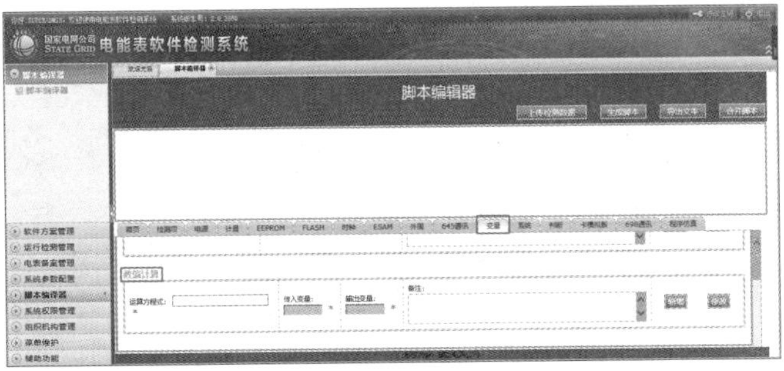

图 6–88　脚本模拟编辑器 – 变量 B 示意图

6.7.13　判断

判断配置是脚本运行过程中对变量的值进行判断操作，循环执行是对指定的一些步骤进行循环执行。

（1）结束判断：对变量与变量或数值之间的判断，若符合判断条件，则结束判断。

（2）判断输出：对变量与变量或数值之间的判断，若符合判断条件，则对结果进行断言（符合或不符合），根据结果选择是否继续检测或结束检测。

（3）循环执行：在符合指定的判断条件下，对指定脚本语句进行循环执行。

结束判断：判断变量和预期值的关系，如果不符合条件，则判断后面的脚本不再执行，自动化检测结束，如图 6–89 所示。

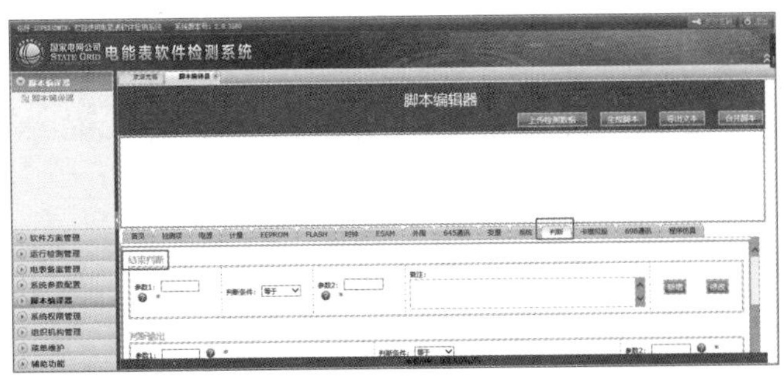

图 6–89　脚本模拟编辑器 – 判断 A 示意图

判断输出：对数值和数值或变量和数值进行条件判断（大于、小于、等于、大于等于、小于等于），可对结果进行断言（符合或不符合），然后根据判断结果选择是继续检测或结束检测，如图 6–90 所示。

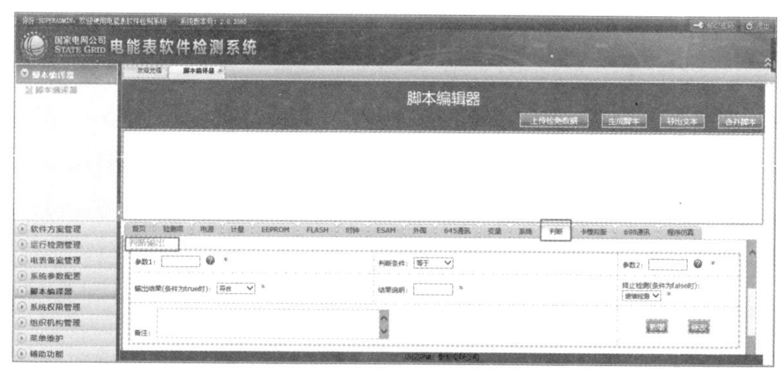

图 6–90　脚本模拟编辑器 – 判断 B 示意图

循环执行：有开始配置和结束配置，表示开始和结束之间的脚本在符合指定的判断条件下循环执行，如图 6–91 所示。

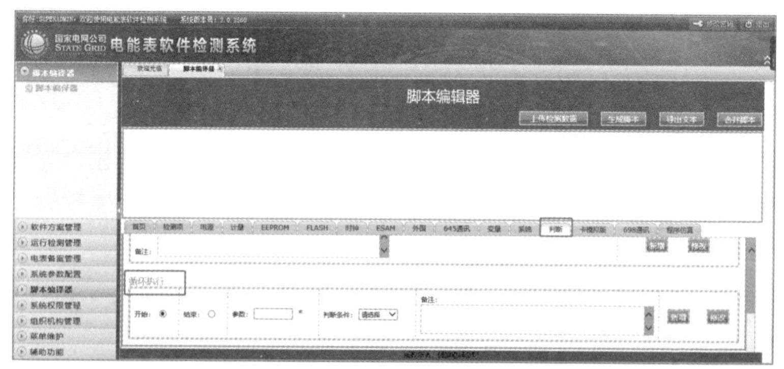

图 6–91　脚本模拟编辑器 – 判断 C 示意图

6.7.14　系统

系统配置是对工况和系统的基本配置。

（1）工况设置：对电压、电流及功率因数的设置。

（2）系统延时：设置两个脚本语句之间的运行延迟时间。

（3）获取系统时间：获取当前系统时间。

（4）提示信息：在脚本语句运行过程中以日志的形式输出提示设定信息。

（5）对话框提示信息：在脚本语句运行过程中以弹出框的形式提示设定信息。

设置工况：设置 MCU（电能表）正常工作时的电压、电流和功率因数，如图 6–92 所示。

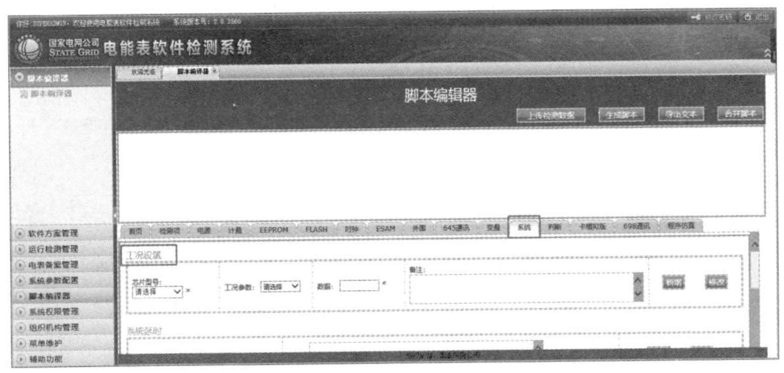

图 6–92　脚本模拟编辑器 – 系统 A 示意图

系统延时：设置脚本语句运行过程中两个脚本语句之间的运行延迟时间，如图 6–93 所示。

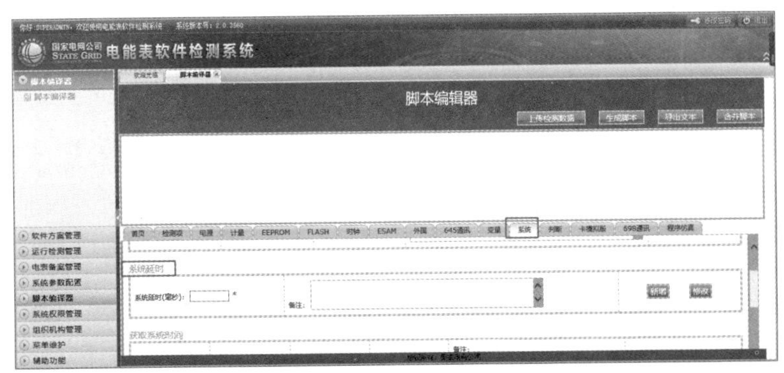

图 6–93　脚本模拟编辑器 – 系统 B 示意图

获取系统时间：获取当前系统时间返回给变量，系统时间返回类型支持年月日周、时分秒、年月日时分秒、年月日周时分秒及毫秒值，时间增加类型包括秒值增加及分值增加，如图 6–94 所示。

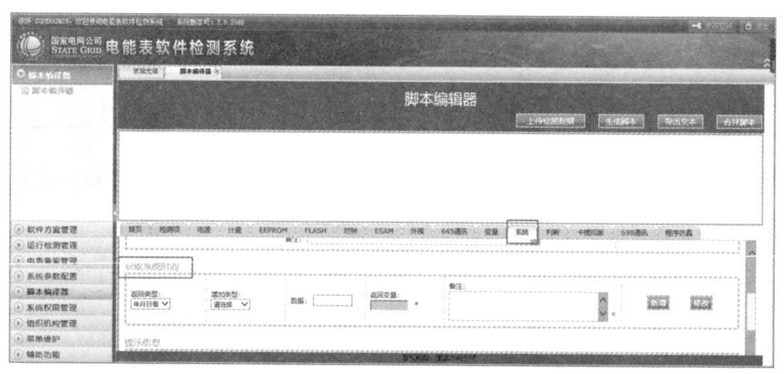

图 6–94　脚本模拟编辑器 – 系统 C 示意图

提示信息：在脚本语句运行过程中以日志的形式输出信息内容，以便查看脚本进程或提示信息，对脚本运行没有实质性的影响，如图 6–95 所示。

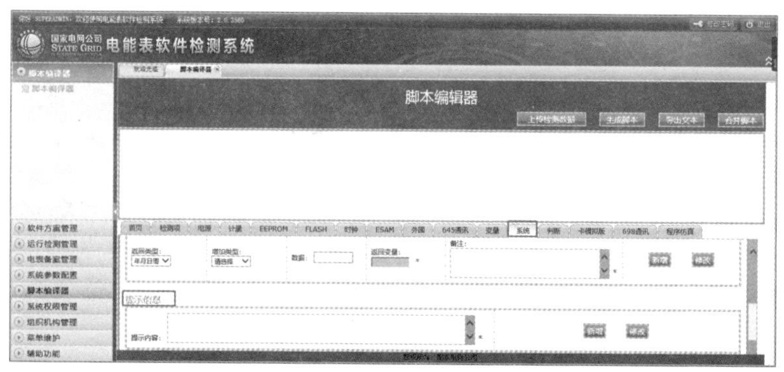

图 6–95　脚本模拟编辑器 – 系统 D 示意图

6.7.15　生成脚本

脚本语句编辑好后，单击“生成脚本”按钮，如图 6–96 所示，可生成一个可执行脚本文件，存放于计算机主机桌面，文件以当前时间戳为文件名（如 20180928101354.xml）。

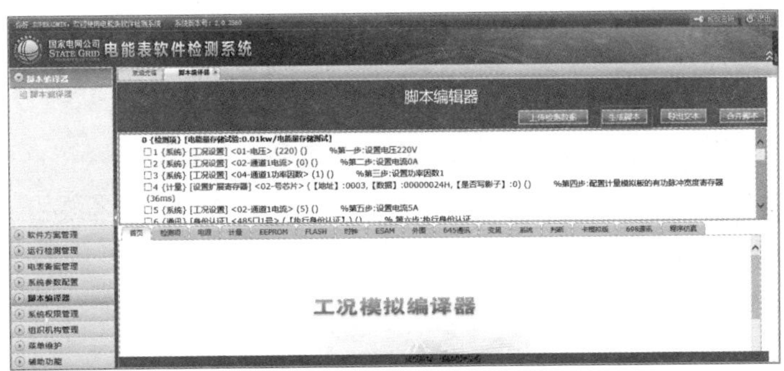

图 6–96　脚本模拟编辑器 – 生成脚本示意图

注意：脚本文件中涉及存储地址、工况电压（电流）及交互协议，针对性较高，所以编辑好的脚本文件只适用于特定型号的电能表。

第 7 章　实际使用案例

本章以一款单相远程费控智能电能表为测试对象，讲解在实际测试过程中的使用方法及注意事项。完整的测试流程包括制作 MCU 核心板、软件信息准备、配置测试信息、启动手动测试、编制测试用例。具体操作过程如下。

7.1　制作 MCU 核心板

MCU 核心板制作依据是《MCU 核心板设计指南》(以下简称《设计指南》。首先，设计人员需要仔细阅读和理解《设计指南》，明白核心板是什么、用来做什么，以及如何设计。然后，使用电子设计自动化（electronics design automation，EDA）工具完成原理图设计和印制电路板（printed circuit board，PCB）设计，进行制板、元器件焊接、程序下载和 MCU 核心板调试。

在设计 MCU 核心板时应重点注意以下事项：

（1）为了提高信号的稳定性及准确性，SRTS 装置内部已包含信号处理机制，所以 MCU 核心板上不需要再设计多余的阻容电路。

（2）MCU 核心板尺寸应严格按照《设计指南》中声明的尺寸进行设计，否则 MCU 核心板无法和 SRTS 检测接口兼容。

（3）由于测试时可能会在 MCU 核心板上外接示波器或逻辑分析仪监测相关信号，因此 MCU 核心板上各个针脚需要在核心板正面突出一定长度，针脚标识应完整、准确，以方便信号钳夹持。

制作好的 MCU 核心板如图 7-1 所示。

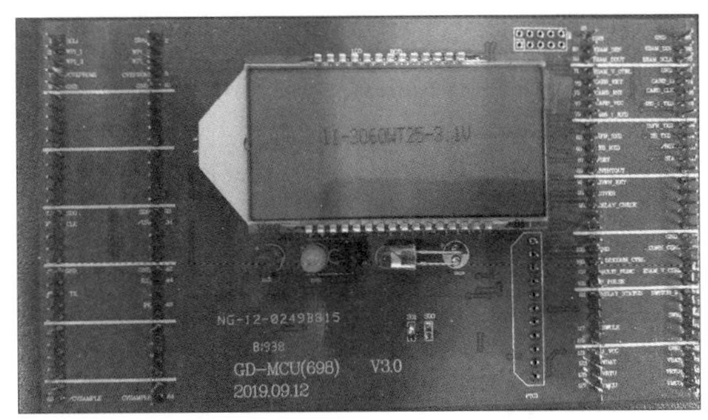

图 7-1　制作好的 MCU 核心板

7.2　软件信息准备

完成 MCU 核心板制作后，需要准备预制软件信息，主要包含 EEPROM 预制参数文件和软件基本配置信息。

（1）EEPROM 预制参数文件

使用 EEPROM 数据读取专用工装连接 EEPROM 的引脚，使用 VSpeed 软件读取 EEPROM 内数据，存储为 sotware.bin 格式的文件。

（2）软件基本配置信息

软件基本配置信息如表 7-1 所示。

表 7-1　　软件基本配置信息

电能表配置		
基本配置	名称	数据
	智能电能表型号	2 级单相费控智能电能表（模块—远程—开关内置）
	MCU 型号	钜泉 HT6015
	适用协议	645 协议
	被测对象端口高电平值	5V 电平
	额定电压 /V	220
	额定电流 /A	5
	脉冲常数 /（imp/kWh）	1200

续表

<table>
<tr><td colspan="7">电能表配置</td></tr>
<tr><td rowspan="7">工况参数</td><td colspan="3">电压 /V</td><td colspan="3">220</td></tr>
<tr><td colspan="3">通道 1 电流 /A</td><td colspan="3">5</td></tr>
<tr><td colspan="3">通道 1 有功功率 /kW</td><td colspan="3">1.1</td></tr>
<tr><td colspan="3">通道 2 电流 /A</td><td colspan="3">5</td></tr>
<tr><td colspan="3">通道 2 有功功率 /kW</td><td colspan="3">1.1</td></tr>
<tr><td colspan="3">频率 /Hz</td><td colspan="3">50</td></tr>
<tr><td colspan="3">脉冲常数 / （imp/kWh）</td><td colspan="3">1200</td></tr>
<tr><td colspan="7">EEPROM 配置</td></tr>
<tr><td rowspan="4">基本配置</td><td colspan="3">存储器数量</td><td colspan="3">1</td></tr>
<tr><td colspan="3">存储方式</td><td colspan="3">EEPROM</td></tr>
<tr><td colspan="3">是否强制升级</td><td colspan="3">否（根据实际情况选择是否每次升级 EEPROM）</td></tr>
<tr><td colspan="3">总容量 /KB</td><td colspan="3">64</td></tr>
<tr><td rowspan="6">存储器 1 配置</td><td colspan="3">配置存储器编号</td><td colspan="3">1</td></tr>
<tr><td colspan="3">设备地址</td><td colspan="3">0x00</td></tr>
<tr><td colspan="3">存储器容量 /KB</td><td colspan="3">64</td></tr>
<tr><td colspan="3">单元地址类型</td><td colspan="3">单字节</td></tr>
<tr><td colspan="3">是否分页</td><td colspan="3">分页</td></tr>
<tr><td colspan="3">存储页大小 /Byte</td><td colspan="3">128</td></tr>
<tr><td rowspan="4">数据块定义（用于快速定位 EEPROM 内数据）</td><td>存储器编号</td><td>数据块名称</td><td>格式</td><td>起始地址（HEX）</td><td>长度（DEC）</td><td>字节顺序</td></tr>
<tr><td>1</td><td>校表寄存器恢复数据</td><td>整数</td><td>0022</td><td>4</td><td>低位在前</td></tr>
<tr><td>1</td><td>智能电能表表号</td><td>整数</td><td>0086</td><td>6</td><td>低位在前</td></tr>
<tr><td>1</td><td>通信地址</td><td>整数</td><td>0080</td><td>6</td><td>高位在前</td></tr>
</table>

续表

<table>
<tr><td colspan="12">EEPROM 配置</td></tr>
<tr><td>数据块定义（用于快速定位 EEPROM 内数据）</td><td colspan="2">1</td><td colspan="2">开表盖次数</td><td>整数</td><td colspan="2">00C4</td><td colspan="2">1</td><td colspan="2">高位在前</td></tr>
<tr><td colspan="12">计量芯片配置</td></tr>
<tr><td rowspan="4">基本配置</td><td colspan="5">设备编号</td><td colspan="6">02</td></tr>
<tr><td colspan="5">计量芯片型号</td><td colspan="6">HT7017</td></tr>
<tr><td colspan="5">计量参数寄存器数量</td><td colspan="6">30</td></tr>
<tr><td colspan="5">校表参数寄存器数量</td><td colspan="6">30</td></tr>
<tr><td colspan="12">外围板配置</td></tr>
<tr><td rowspan="5">通信接口</td><td colspan="2">接口名称</td><td>位数</td><td colspan="2">奇 / 偶校验</td><td colspan="2">停止位</td><td colspan="2">波特率</td><td colspan="2">是否启用</td></tr>
<tr><td colspan="2">1#_485</td><td>8</td><td colspan="2">偶校验</td><td colspan="2">1</td><td colspan="2">2400</td><td colspan="2">是</td></tr>
<tr><td colspan="2">2#_485</td><td>8</td><td colspan="2">偶校验</td><td colspan="2">1</td><td colspan="2">600</td><td colspan="2">否</td></tr>
<tr><td colspan="2">红外</td><td>8</td><td colspan="2">偶校验</td><td colspan="2">1</td><td colspan="2">1200</td><td colspan="2">是</td></tr>
<tr><td colspan="2">载波</td><td>8</td><td colspan="2">偶校验</td><td colspan="2">1</td><td colspan="2">2400</td><td colspan="2">是</td></tr>
<tr><td rowspan="3">输出开关量</td><td>接口名称</td><td>引脚编号</td><td>初始电平</td><td>有效电平</td><td>脉冲周期</td><td>脉冲宽度</td><td>脉冲个数</td><td>关联输入</td><td>监视波形</td><td>关联状态使能</td><td>是否启用</td></tr>
<tr><td>上翻键</td><td>88</td><td>低电平</td><td>脉冲</td><td>0</td><td>0</td><td>0</td><td>00000000000</td><td>否</td><td>否</td><td>是</td></tr>
<tr><td>开盖</td><td>91</td><td>高电平</td><td>低电平</td><td>100</td><td>50</td><td>0</td><td>00000000000</td><td>否</td><td>否</td><td>是</td></tr>
</table>

续表

<table>
<tr><td colspan="12">外围板配置</td></tr>
<tr><td>输出开关量</td><td>继电器检测信号</td><td>93</td><td>高电平</td><td>低电平</td><td>100</td><td>50</td><td>0</td><td>00000000000</td><td>否</td><td>是</td><td>是</td></tr>
<tr><td rowspan="4">输入开关量</td><td colspan="3">接口名称</td><td colspan="2">引脚编号</td><td colspan="2">虚拟信号灯显示电平</td><td colspan="2">监控波形</td><td colspan="2">是否启用</td></tr>
<tr><td colspan="3">合闸控制</td><td colspan="2">101</td><td colspan="2">低电平</td><td colspan="2">否</td><td colspan="2">是</td></tr>
<tr><td colspan="3">跳闸控制</td><td colspan="2">102</td><td colspan="2">低电平</td><td colspan="2">否</td><td colspan="2">是</td></tr>
<tr><td colspan="3">ESAM 电源控制</td><td colspan="2">105</td><td colspan="2">低电平</td><td colspan="2">否</td><td colspan="2">是</td></tr>
<tr><td colspan="12">时钟配置</td></tr>
<tr><td rowspan="3">基本配置</td><td colspan="6">时钟类型</td><td colspan="5">外置</td></tr>
<tr><td colspan="6">时钟型号</td><td colspan="5">RX8025</td></tr>
<tr><td colspan="6">当前时间初始化标志</td><td colspan="5">否</td></tr>
<tr><td colspan="12">数控电源配置</td></tr>
<tr><td rowspan="3">基本配置</td><td colspan="6">核心板供电电压 /V</td><td colspan="5">5.3</td></tr>
<tr><td colspan="6">核心板抄表电池供电电压 /V</td><td colspan="5">0.0</td></tr>
<tr><td colspan="6">核心板时钟供电电压 /V</td><td colspan="5">3.6</td></tr>
<tr><td colspan="12">ESAM 配置</td></tr>
<tr><td rowspan="5">基本配置</td><td colspan="6">初始状态</td><td colspan="5">通电</td></tr>
<tr><td colspan="6">通信方式</td><td colspan="5">7816读写方式</td></tr>
<tr><td colspan="6">控制方式</td><td colspan="5">低电平有效</td></tr>
<tr><td colspan="6">信号电压</td><td colspan="5">5V</td></tr>
<tr><td colspan="6">上传数据方式</td><td colspan="5">传送处理后报文</td></tr>
<tr><td colspan="12">Flash 配置</td></tr>
<tr><td rowspan="2">基本配置</td><td colspan="6">芯片类型</td><td colspan="5">无</td></tr>
<tr><td colspan="6">是否有预置文件</td><td colspan="5">否</td></tr>
</table>

续表

Flash 配置		
基本配置	预置参数文件	无
卡片配置		
基本配置	卡插入电平状态	卡插入时常闭

7.3 配置测试信息

7.3.1 EEPROM 文件格式转换

（1）首先登录到电能表软件检测系统，在左侧的菜单栏选择“软件方案管理”选项，打开此菜单后，单击“预置参数转换”按钮，如图 7-2 所示。

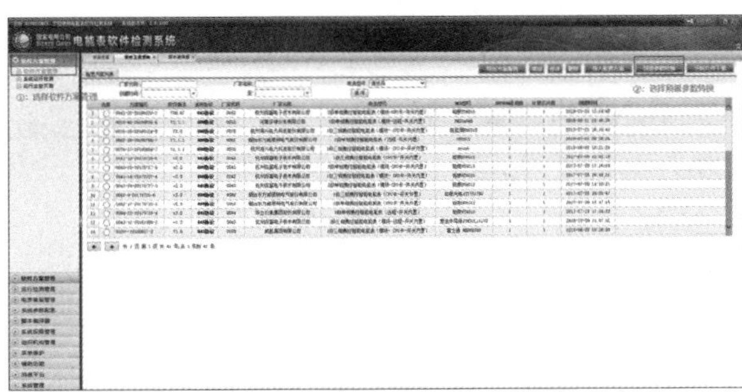

图 7-2　预置参数转换示意图

（2）打开“预置参数转换”功能后，对 EEPROM 数据的“sotware.bin”文件进行转换，如图 7-3 所示。

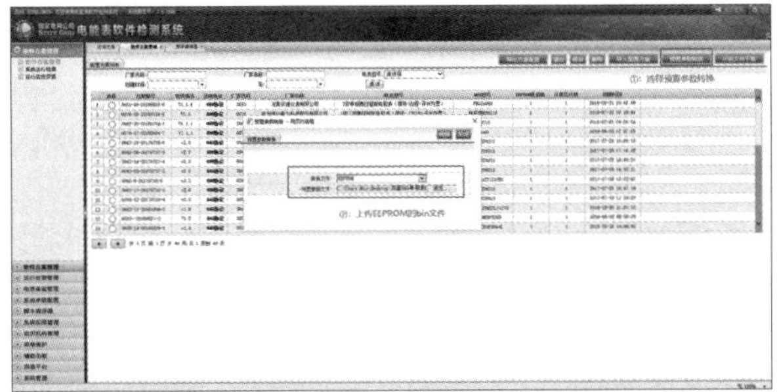

图 7-3　对 EEPROM 数据的“sotware.bin”文件进行转换示意图

（3）选择“转换文件”为 EEPROM，选择“预置参数文件”为 EEPROM 数据的 .bin 文件，单击“转换”按钮后，系统生成一个“sotware.ini”文件，然后将此文件保存到计算机桌面，如图 7–4 所示。

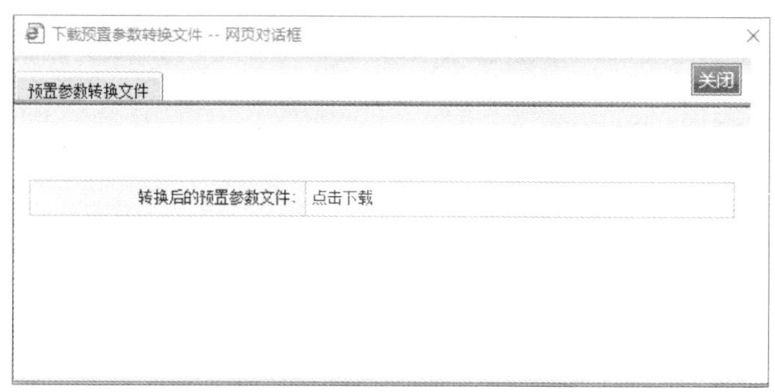

图 7–4　转换文件操作示意图

7.3.2　填入软件配置信息

（1）预置参数转换成功后，单击“软件方案管理”中的“增加”按钮，进行方案的新增，如图 7–5 所示。

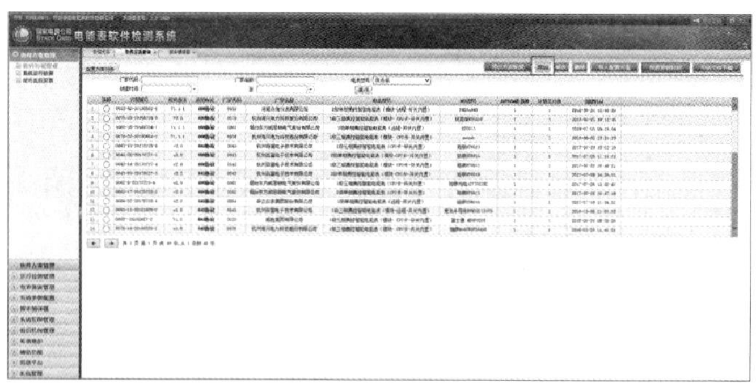

图 7–5　方案增加操作示意图

（2）新增配置方案基本信息：将表 7–1 中“基本配置”内容填入，如图 7–6 进行。

（3）填写成功后，单击“保存”按钮进行提交，页面跳转到详细配置方案添加页面，如图 7–7 所示。

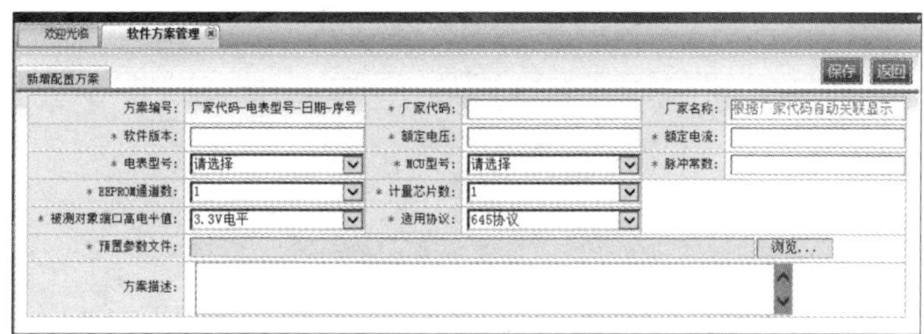

图 7-6　填写新增配置方案基本信息示意图

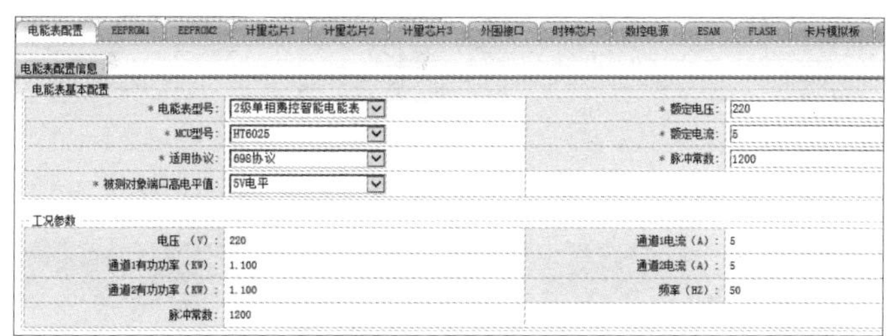

图 7-7　详细配置方案添加页面示意图

在该页面中，需要参考表 7-1 的内容，对 EEPROM、计量芯片、外围接口、时钟芯片、数控电源、ESAM、Flash 和卡片模拟板进行配置，填写成功每一项后，单击“保存”按钮对每一项进行保存。

7.4　启动手动测试

配置完毕测试信息后，即可启动检测装置开始测试，手动测试启动步骤如下：

（1）将 MCU 核心板插入 SRTS 装置正面的引脚底座并锁紧，打开位于装置后面板的电源开关，如图 7-8 所示。

（2）找到本次配置的测试方案后，单击“开始测试”按钮，即出现如图 7-9 所示的界面，此时 SRTS 系统正在预置 EEPROM 数据和芯片模拟板程序。预置完成后，出现如图 7-10 的信息，需要核对 MCU 核心供电电压，避免出现因电压配置错误导致的“烧板”风险。

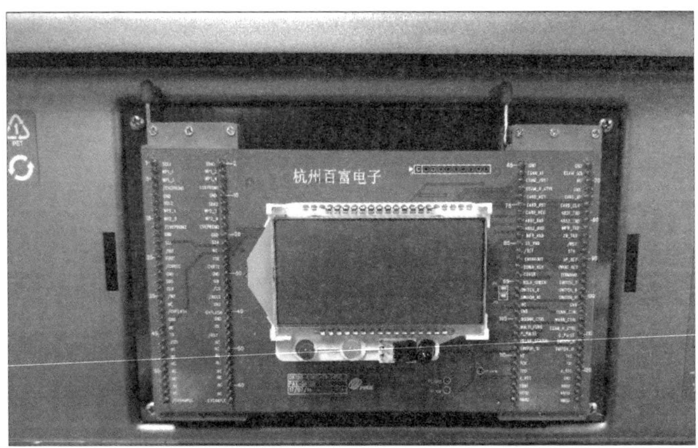

图 7–8　打开位于装置后面板的电源开关示意图

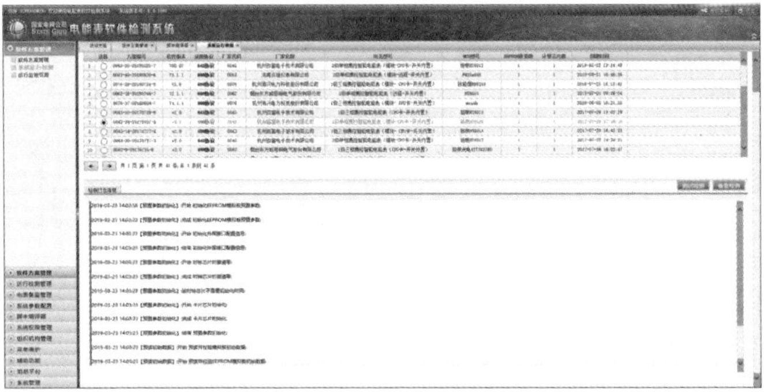

图 7–9　测试界面示意图

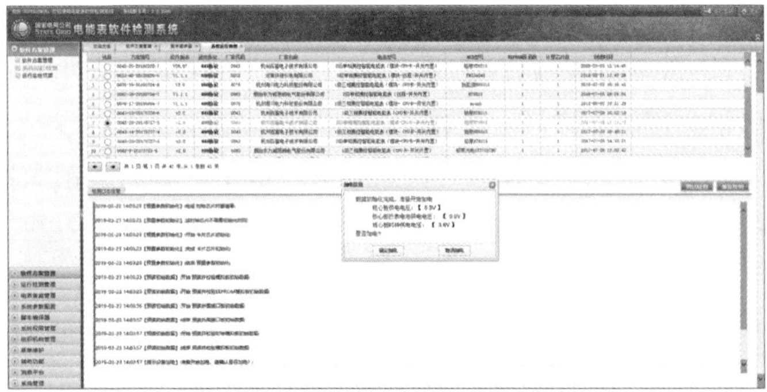

图 7–10　预置完成后的信息示意图

核实电压无误后，单击“确认”按钮对 MCU 核心板加电压，启动运行。

（3）上电成功后，单击“打开测试界面”按钮，系统打开手动测试界面，手动测试界面包含计量芯片操作区、存储芯片操作区、时钟芯片操作区、外围接口操作区、数控电源操作区、ESAM 数据检测区、卡操作区。手动测试界面示意图如图 7-11 所示。

图 7-11　手动测试界面示意图

7.4.1　发送通信报文

检测装置可以对 MCU 核心板进行通信操作，进行数据读取、设置参数等操作。

实验目标：抄读“（当前）组合有功电能量数据块”数据项。

实验方法：

（1）在运行监控页面，按照图 7-12 所示进行通信协议选择。

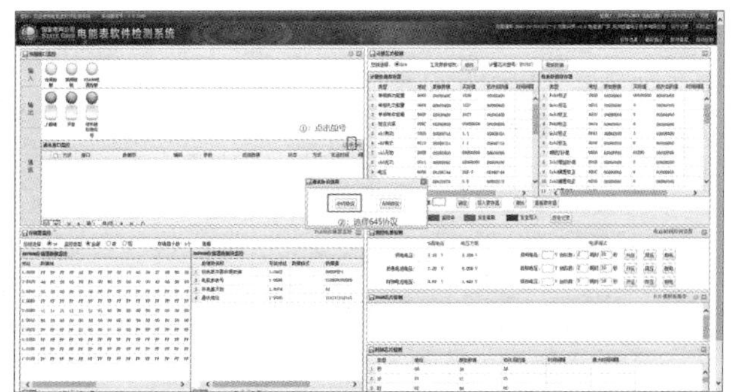

图 7-12　通信协议选择操作示意图

（2）在打开的新页面中，在控制域中选择“读数据”选项，在数据项明细中选择“（当前）组合有功电能量数据块”选项，单击下方的“生成 645 报文”按钮进行组装 645 报文，最后单击“单个发送”按钮，通信接口选择“1#_485”，单击“确定”按钮，进行发送 645 协议通信报文，如图 7-13 所示。

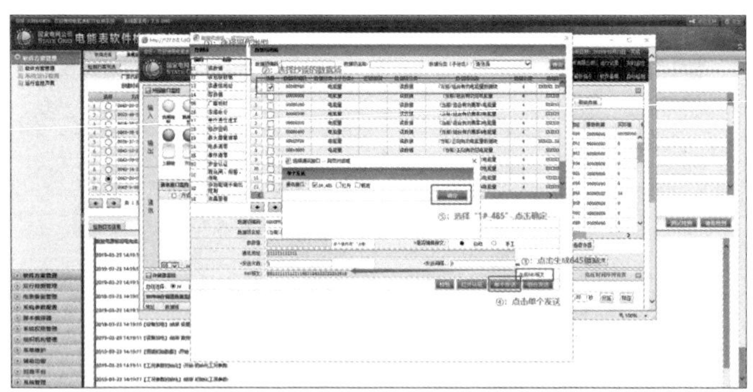

图 7-13　发送 645 协议通信报文示意图

（3）发送完成后，回到运行监控页面查看“（当前）组合有功电能量数据块”的值，如图 7-14 所示。

图 7-14　查看“（当前）组合有功电能量数据块”的值

7.4.2　查看和修改芯片寄存器

检测装置可以查看和修改芯片寄存器，主要分为计量参数寄存器、校表参数寄存器，扩展参数寄存器。

实验目标：修改计量参数寄存器电压的值为 110V。

实验方法：单击电压所在行的原始数据或实际值（原始数据为十六进制数据，实际值为十进制数据），此时电压的地址和数据回显到下方的输入框内，手动修改数据内的值，单击“写入寄存器”按钮，在弹出的“寄存器修改”对话框内单击“保存”按钮，即完成了对计量参数寄存器电压的修改，如图 7–15 所示。

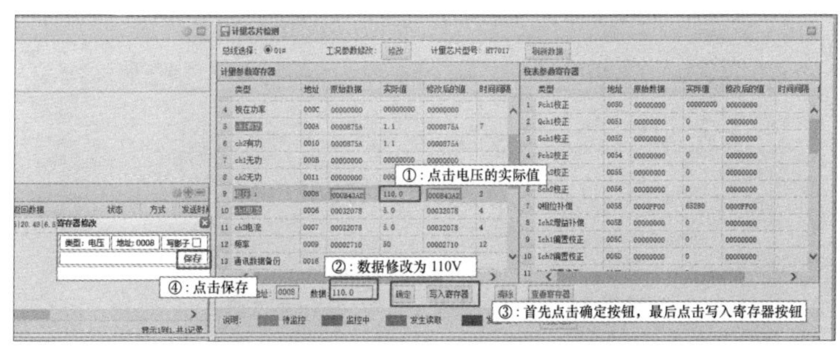

图 7–15　修改计量参数寄存器电压值示意图

实验目标：查看计量参数寄存器电压的值。

实验方法：选择“计量参数寄存器”，单击“电压”所在行，最后单击“查看寄存器”按钮，数据会回显到“数据”所在框，如图 7–16 所示，也可以通过直观查看方式来查看电压的原始数据、实际值和修改后的值。

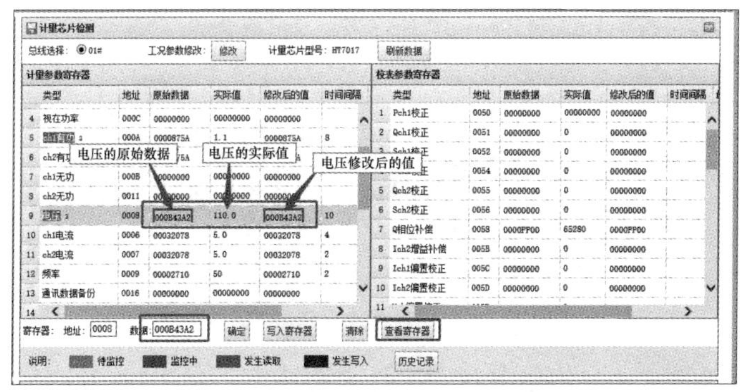

图 7–16　查看计量参数寄存器电压值示意图

7.4.3 设置核心板电压

检测装置可以设置核心板电压，主要分为直接设置和按时间序列设置。举例如下：

实验目标：将 MCU 核心板供电电压从 0V 设置为 5V，电压曲线分为 5 个台阶，持续 10s 完成。

实验方法一：使用直接设置方法，在供电电压处填入目标电压 5V，台阶数 5，耗时 10s，单击“升压”按钮，如图 7–17 所示。

图 7–17　直接设置核心板电压示意图

SRTS 系统接收到升压指令后，开始对 MCU 核心板升压，经 10s 后，将 MCU 核心板电压升高至 5V。使用示波器测量的电压波形示意图如图 7–18 所示。

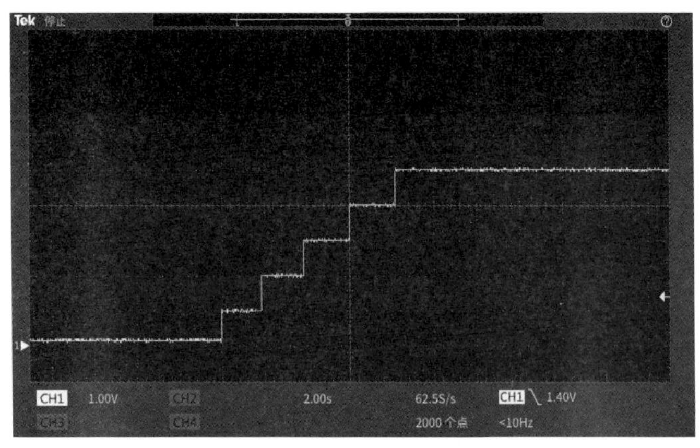

图 7–18　使用示波器测量的电压波形示意图

实验方法二：使用按时间序列设置方法，单击“电压时间序列设置”按钮，选择供电电压，分别填入时间点和间隔时间，如图 7–19

所示。

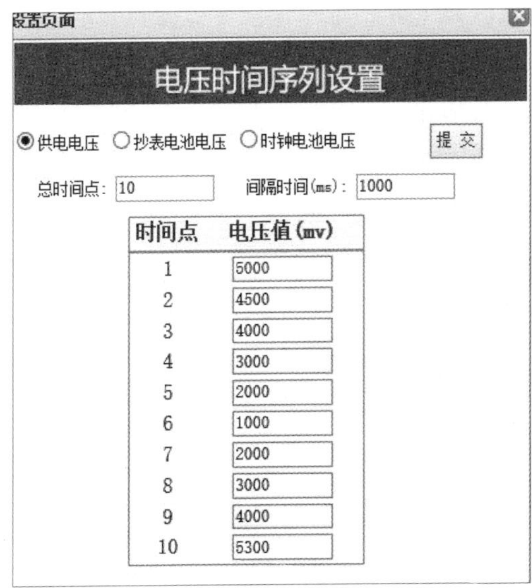

图 7-19　电压时间序列设置示意图

SRTS 系统接收到序列电压指令后，开始对 MCU 核心板在指定时间点设置对应电压。使用示波器测量的电压波形示意图如图 7-20 所示。

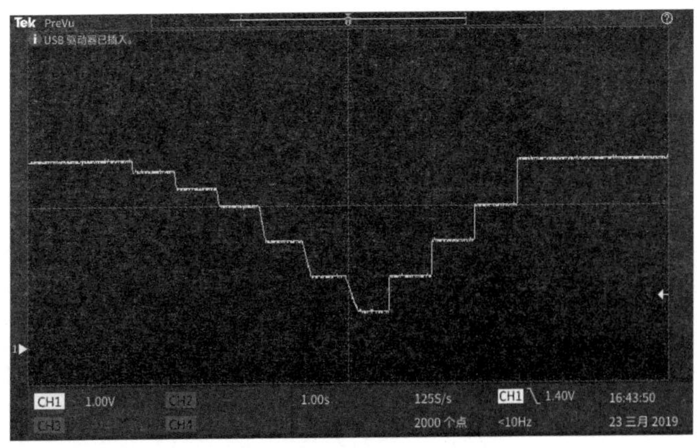

图 7-20　使用示波器测量的电压波形示意图

7.4.4 操作外围模拟板

外围模拟板区域主要用来操作或者监视智能电能表的一些外围接口信号，可操作或监视的外围接口有 1#_485 口、翻屏键、开盖键、跳合闸信号线、有功脉冲灯口等，如图 7–21 所示。

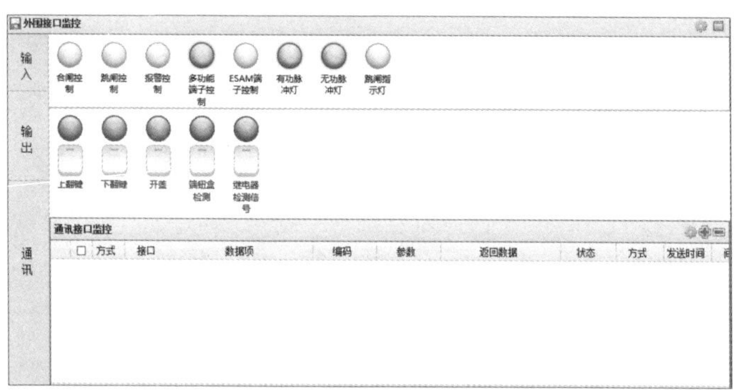

图 7–21　外围模拟板示意图

1#_485 口等通信接口的操作参考 7.4.1 节。

1. 输出口操作

输出口模拟的是翻屏键、开盖键等外围接口，对于智能电能表来说是输入信号口。单击如图 7–22 粗框内所示的“上翻键”按钮，SRTS 装置会给 MCU 核心板上对应的引脚发送配置好的信号，配置方案如图 7–22 中箭头指向位置所示，用示波器测量到的信号如图 7–23 所示。

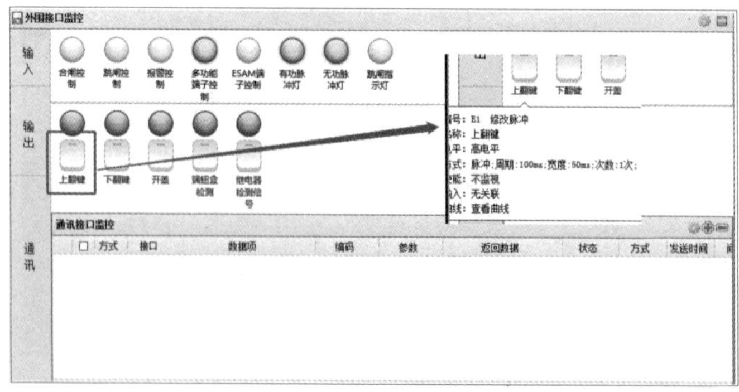

图 7–22　输出口操作示意图

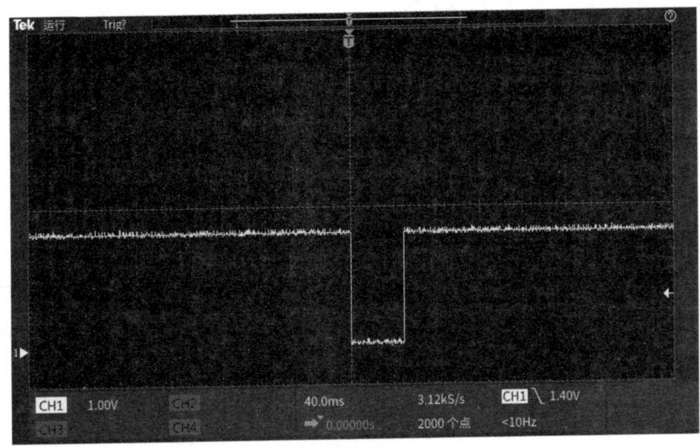

图 7-23 用示波器测量到的信号示意图

2. 输入口操作

输入口用来监视智能电能表对外发出的信号，对于 SRTS 装置来说是输入信号。当对应信号线的监视开关没有打开时，操作区的提示按钮颜色是白色（见图 7-24 左一），打开后颜色为灰色（见图 7-24 左二），当 SRTS 检测到信号发出时，颜色为绿色（见图 7-24 左三）。

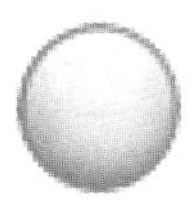

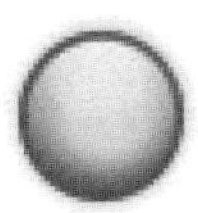

图 7-24 操作区提示按钮

7.4.5 兼容性测试指南

兼容性测试目的是测试 MCU 核心板和 SRTS 装置的连通性，保证所有测试时用到的测试引脚和 SRTS 装置可以进行正确的信号交互。

进行的测试项目如表 7-2 所示。

表7-2 兼容性测试项目

序号	测试项目
1	连通性测试项目1（常规测试） 测试步骤： （1）上电后，检查液晶是否全屏显示1~20s，脉冲灯和跳闸灯是否常亮。 （2）液晶是否可进入循环显示，若循环显示正常，本测试项合格；若程序不能正常循环显示，则判断为不合格
2	连通性测试项目2（串口通信测试） 测试步骤： （1）通过1#_485通道读取电能数据，若读取成功则测试合格。 （2）通过2#_485通道读取电能数据，若读取成功则测试合格（仅三相电能表）。 （3）通过红外通道读取电能数据，若读取成功则测试合格。 （4）通过载波通道读取电能数据，若读取成功则测试通过（仅载波表）
3	连通性测试项目3（ESAM功能测试） 测试步骤： （1）1#_485发送身份认证报文是否成功，若成功则测试通过。 （2）判断ESAM日志中是否有日志数据，若无数据则判断为不合格
4	连通性测试项目4（输出开关量测试） 测试步骤： （1）翻屏键：控制翻屏键，观察液晶是否可正确翻屏（三相电能表应测试上翻键和下翻键）。 （2）开盖键：通过1#_485读取开表盖次数，操作开表盖键（两次按下间隔应大于5s），再次读取开表盖次数，观察返回值是否增1。 （3）开端钮盖：通过1#_485读取开端钮盖次数，操作开端钮盖键（两次按下间隔应大于5s），再次读取开端钮盖次数，观察返回值是否增1（仅三相电能表）。

续表

序号	测试项目
4	（4）掉电检测信号：控制上电、掉电检测信号，观察智能电能表是否正常上电、掉电（若厂家采用）
5	连通性测试项目 5 （输入开关量测试） 测试步骤： （1）多功能端子信号：观察多功能端子是否每 1s 闪烁一次（智能电能表默认秒脉冲）。 （2）跳合闸控制信号：通过 1#_485 通道发送跳闸信号，观察跳合闸控制信号灯波形是否与厂家接口定义一致。 （3）有功脉冲信号：观察有功脉冲灯是否与当前脉冲输出一致。 （4）无功脉冲信号：观察无功脉冲灯是否与当前脉冲输出一致（仅三相电能表）。 （5）485 控制信号线：观察 485 控制信号线指示是否与当前通信状态一致（部分厂家采用）
6	连通性测试项目 6 （计量功能测试） 测试步骤： （1）设置工况参数为额定电压、额定电流。 （2）观察测试系统中是否定时对电压、电流、功率、校验和寄存器进行刷新（自动测试时可判断寄存器读写日志）。 （3）观察智能电能表有功脉冲灯是否与计量芯片中设置的脉冲周期相符。 （4）通过 RS485 读取 A 相电压、A 相电流、A 相功率是否与工况一致。 修改校表寄存器中的功率增益寄存器，观察被测试板是否在 1~60s 内进行自恢复处理
7	连通性测试项目 6 （存储功能测试） 测试步骤： （1）当触发一次开盖事件时，检查 EERPOM 的指定位置是否进行写操作，观察数据是否一致。

续表

序号	测试项目
7	（2）监视 Flash 中的存储数据，检查 Flash 的指定位置是否进行写操作（三相电能表）
8	连通性测试项目 7（时钟功能测试——仅对外置时钟测试） 测试步骤： （1）观察主站页面（或查询操作日志）指定寄存器（时分秒）是否定时刷新。 （2）通过485设置日期时间时，观察主站页面中是否对年月日等寄存器进行写操作
9	连通性测试项目 8（电源测试） 测试步骤： （1）时钟电池加电压，被测表液晶应没有时钟电池欠电压符号。再次给时钟电池掉电，被测表液晶应有电池欠电压符号。 （2）抄表电池加电压，被测表液晶应没有抄表电池欠电压符号。再次给抄表电池掉电，被测表液晶应有电池欠电压符号（三相电能表）。 （3）MCU 供电电压掉电，常按翻屏键，应能将智能电能表唤醒
10	连通性测试项目 9（继电器测试） 测试步骤： （1）只加电压、不加电流的情况下，485发送远程跳闸，此时观察继电器反馈信号是否正确，并观察被测板跳闸灯是否点亮，若点亮则测试通过。 （2）485发送直接合闸，此时观察继电器反馈信号是否正确，并观察被测板跳闸灯是否熄灭，若熄灭则测试通过
11	连通性测试项目 10（卡片测试—仅对卡表测试） 测试步骤： （1）发行参数预置卡，插卡后智能电能表的剩余金额应与预置卡内的金额一致。 （2）将智能电能表切换到私钥下，发行开户卡，插卡后智能电能表应能开户成功（可读取智能电能表运行状态字3中的开户状态）

7.5　编制测试用例

7.5.1　核心板上电、掉电案例

测试目的：使用脚本编辑器，对 MCU 核心板电压进行频繁上电、掉电操作。

测试脚本：

{系统}［工况设置］<01- 电压 >（【参数】：220）（）

{系统}［工况设置］<02- 通道 1 电流 >（【参数】：5）（）

{系统}［工况设置］<04- 通道 1 功率因数 >（【参数】：1）（）

{电源}［电源设置］<01- 核心板 >（【电压】：3V，【台阶数】：1，【耗时】：1，【操作类型】：降压）（）

{电源}［电源设置］<01- 核心板 >（【电压】：0V，【台阶数】：1，【耗时】：1，【操作类型】：断电）（）

{系统}［系统延时］<>（【参数】：60000）（）

{电源}［电源设置］<01- 核心板 >（【电压】：5.3V，【台阶数】：1，【耗时】：1，【操作类型】：升压）（）

测试用例编制：

在系统的左侧菜单栏中打开“脚本编辑器”，首先在“检测项”选项卡下配置检测项，其他选项卡为编制脚本内容，如图 7-25 所示。

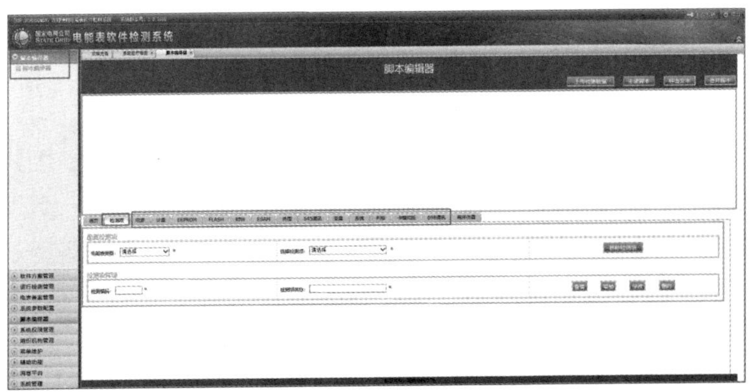

图 7-25　配置检测项示意图（一）

测试用例展示：

编制完成后，可以生成脚本文件，在运行监控页面进行自动检测，如图 7-26 所示。

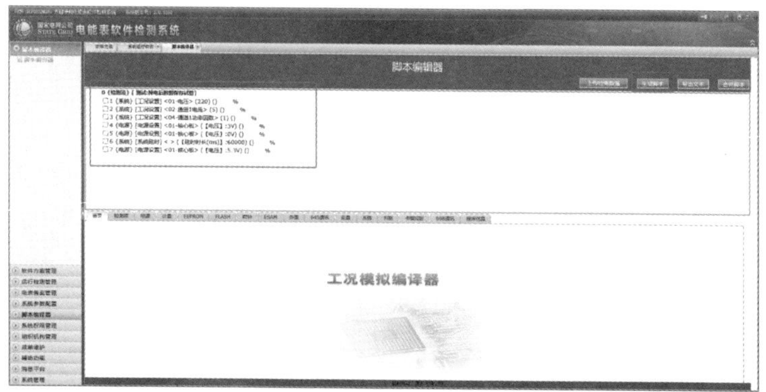

图 7-26　运行核心板上电、掉电测试脚本示意图

7.5.2　修改计量芯片寄存器案例

测试目的：检测计量芯片的校表参数寄存器，当校表参数寄存器发生变化时，观察 60s 之内能否恢复到初始值。

测试脚本：

{系统}［工况设置］<01- 电压 >（【参数】：220）（）

{系统}［工况设置］<02- 通道 1 电流 >（【参数】：0）（）

{系统}［工况设置］<04- 通道 1 功率因数 >（【参数】：1）（）

{变量}［新建变量］<>（【参数】：tempA，【初始值】：0）（）

{变量}［新建变量］<>（【参数】：tempB，【初始值】：0）（）

{计量}［抄读校表寄存器］<02- 号芯片 >（【参数】：0050，【返回类型】：HEX，【算法】：无）（tempA）

{计量}［设置通用寄存器］<02- 号芯片 >（【地址】：0005，【数据】：0000FFFF）（）

{系统}［系统延时］<>（【参数】：60000）（）

{计量}［抄读校表寄存器］<02- 号芯片 >（【参数】：0050，【返回类型】：HEX，【算法】：无）（tempB）

｛判断｝［判断输出］〈等于〉（【参数 1】：tempA【条件】：等于，【参数 2】：tempB，【输出结果】：符合，【输出说明】：在 60s 内校表寄存器值是否恢复，【是否继续】：终止检测）（）

测试用例编制：

在系统的左侧菜单栏中打开“脚本编译器”，首先在“检测项”选项卡下配置检测项，其他选项卡为编制脚本内容，如图 7–27 所示。

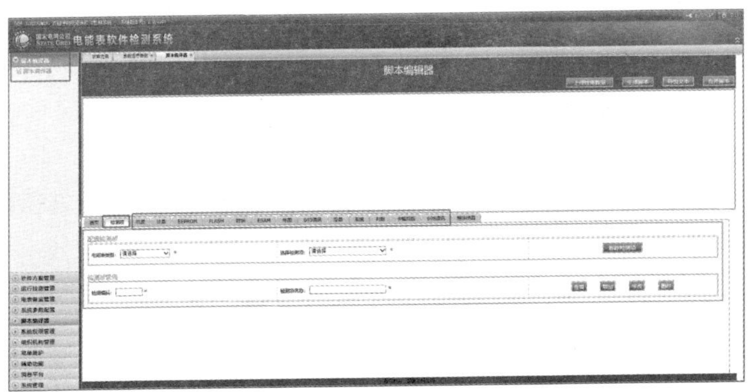

图 7–27　配置检测项示意图（二）

测试用例展示：

编制完成后，可以生成脚本文件，在运行监控页面进行自动检测，如图 7–28 所示。

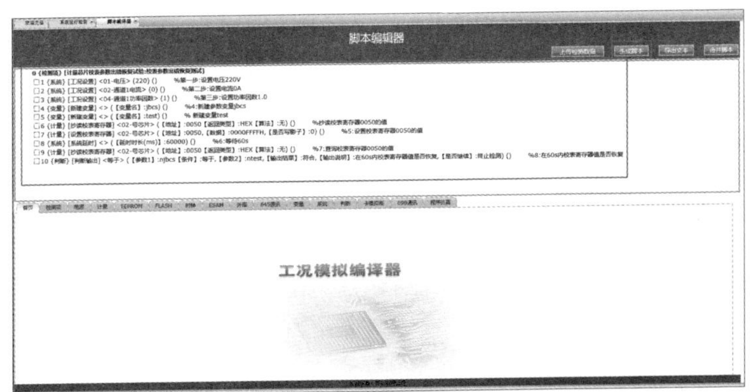

图 7–28　运行修改计量芯片寄存器测试脚本示意图

7.5.3 通信报文发送与接收案例

测试目的：对智能电能表进行设参，判断是否设置成功。

测试脚本：

{系统}[工况设置]<01- 电压>（【参数】：220）（）

{系统}[工况设置]<02- 通道 1 电流>（【参数】：5）（）

{系统}[工况设置]<04- 通道 1 功率因数>（【参数】：1）（）

{变量}[新建变量]<>（【参数】：tempA，【初始值】：0）（）

{变量}[新建变量]<>（【参数】：tempB，【初始值】：0）（）

{通信}[身份认证]<485 口 1 号>（）（）

{系统}[系统延时]<>（【参数】：3000）（）

{通信}[发报文]<485 口 1 号>（【数据类型】：读数据，【数据项】：04000401，【发送次数】：1，【发送间隔】：0，【是否组合】：否，【参数值】：，【返回类型】：全部）（tempA）

{通信}[发报文]<485 口 1 号>（【数据类型】：写数据，【数据项】：04000401，【发送次数】：1，【发送间隔】：0，【是否组合】：否，【参数值】：888888888888【返回类型】：全部）（）

{系统}[系统延时]<>（【参数】：60000）（）

{通信}[发报文]<485 口 1 号>（【数据类型】：读数据，【数据项】：04000401，【发送次数】：1，【发送间隔】：0，【是否组合】：否，【参数值】：，【返回类型】：全部）（tempB）

{判断}[判断输出]<不等于>（【参数 1】：tempA【条件】：等于，【参数 2】：tempB，【输出结果】：符合，【输出说明】：设置通信地址成功，【是否继续】：终止检测）（）

测试用例编制：

在系统的左侧菜单栏中打开“脚本编译器”，首先在“检测项”选项卡下配置检测项，其他选项卡为编制脚本内容，如图 7-29 所示。

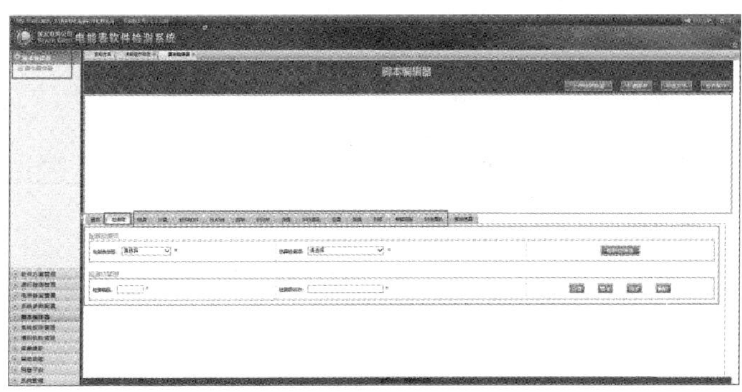

图 7–29　配置检测项示意图（三）

测试用例展示：

编制完成后，可以生成脚本文件，在运行监控页面进行自动检测，如图 7–30 所示。

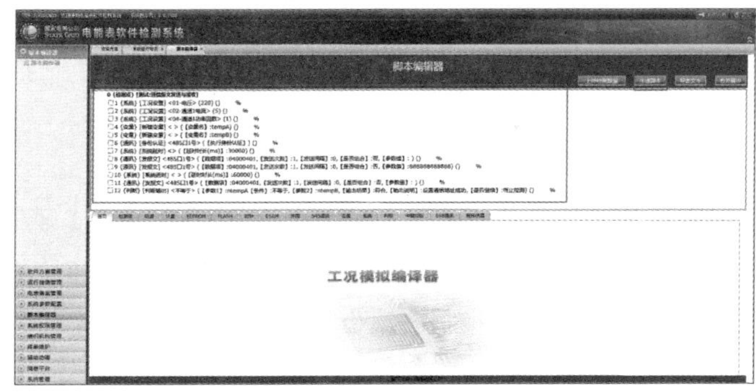

图 7–30　运行通信报文发送与接收测试脚本示意图

第 8 章　科学建模方法在软件测试中的应用

8.1　基于马尔科夫链蒙特卡洛仿真的软件可靠性测试

8.1.1　马尔科夫链蒙特卡洛仿真

马尔科夫链是一种以统计理论为基础的统计模型，可以描述软件在使用过程中的状态切换，在软件统计测试中得到了广泛的应用。马尔可夫链实际上是一种迁移具有概率特征的有限状态机，不仅可以根据状态间迁移概率自动产生测试用例，还可以分析测试结果，对软件性能指标和可靠性指标等进行度量。马尔可夫链模型适用于对多种软件进行统计测试，并可以通过仿真得到状态和迁移覆盖的平均期望时间，有利于在开发早期对大规模软件系统进行测试时间和费用的规划。

本节使用灰盒动态测试方法开展软件产品可靠性研究，应用此方法具有下列优点：① 测试者无须获得开发者全部代码，保护了开发者的知识产权；② 基于灰盒测试能够完成原有黑盒测试不易开展的测试功能，能够模拟更多的现场复杂工况对嵌入式系统的影响；③ 基于动态测试可以将软件置于相对真实的模拟环境中，触发相应测试用例的跳转，测试数据更加准确可靠，也能够避免单一化重复测试使软件陷入局部免疫性。

软件测试方法分为黑盒测试、白盒测试和灰盒测试。黑盒测试又称为功能测试，着眼于外部结构，不考虑内部逻辑结构；白盒测试又称为结构测试，从检查程序的逻辑着手，得出测试数据，贯穿程序的独立路径数是天文数字[13, 14]。由于知识产权问题，测试者不能获得软件代码，又期望深入了解程序结构。因此需要一种间接的手段来达到测试目的。本章使用灰盒测试方法，该方法介于黑盒测试和白盒测试之间，不仅关注软件程序与外围模块交互中输入、输出的正确性，同时也关注程序内部的情况。

软件测试模型主要包括有限状态机[15]、复杂网络[16]、UML 模型[17]、马尔科夫链模型[18]。在基于使用模型的可靠性测试方法中，马尔科夫模型可以按测试事件构造若干马尔科夫状态，并应用马尔科夫状态转移过程来对各测试事件展开蒙特卡洛仿真。因此，马尔科夫链模型适用于本系统可靠性测试模型[19，20]。

本节在无须获得软件全部代码的条件下，基于灰盒测试的动态仿真方法，将测试任务需求构造为马尔科夫模型的若干状态。基于状态出现的概率优先级，拟合响应期望值的分布序列。使用蒙特卡洛随机方法触发马尔科夫底层事件，随机执行测试用例并获得测试数据，通过灰盒半实物仿真过程，实现智能电能表软件行为的监控，评价智能电能表软件可靠性及定量指标。

8.1.2　可靠性评价指标及测试模型

使用定量指标评价软件可靠性具有说服力，其度量方式具有多种参量，主要包括可靠度、可用性、故障率、平均失效时间、平均故障间隔时间、平均修复时间等。经充分研究，在结合上述量化指标特点和智能电能表实际业务适用性后，提出以下 3 种用于智能电能表软件可靠性测试的指标：

（1）可用度 $P_{\mathrm{M}}(k)$，软件可用度指软件在测试项 M 第 k 次测试中完成预定功能的概率。若完成预定功能，则 $P_{\mathrm{M}}(k)=1$，若无法完成预定功能，则 $P_{\mathrm{M}}(k)=0$。

（2）任务执行时间 $T_{\mathrm{M}}(k)$，软件在第 K 次执行特定任务 M 时所耗用的时间。

（3）平均无故障率 η，软件在整个测试过程中，该项测试用例不发生失效的统计概率。

可用度 $P_{\mathrm{M}}(k)$ 用以评价智能电能表软件在一定条件下能否完成特定功能，可用于评价软件设计的成熟度和健壮度；任务执行时间 $T_{\mathrm{M}}(k)$ 用以评价智能电能表在执行特定任务时所消耗的时间，可用于评价软件执行某项任务时的灵巧度和效率。平均无故障率 η 用以统计在整个测试过程中特定功能不发生失效的概率，可用于整个测试方案中描述某项功能可靠性的整体统计情况。

8.1.3 马尔科夫底层事件构造

使用蒙特卡洛方法仿真，首先要构造马尔科夫过程的底层测试事件。依托测试平台，使用上位机软件构造特定软件仿真任务的测试用例 A~G。表 8-1 所示为本次测试任务的需求说明报表。

表 8-1　　测试任务需求说明报表

模块	状态	优先级	动作	要求	考察指标
所有	A	4	正常状态	无	无
电源	B	3.8	MCU 失源（掉电）	保存电能数据；考察程序执行时间	P_M（k） T_M（k）
计量	C	2	校表参数寄存器短期失效	软件能自动恢复参数；考察恢复时间	P_M（k） T_M（k）
	D	3	计量芯片发生写操作	写数据后，写保护功能应打开	P_M（k）
	E	2.3	电压数据寄存器内数据异常	通信方式读取电压值时需显示为正常范围内电压值	P_M（k）
外围	F	2.5	开表盖键被触发	事件应被记录	P_M（k）
通信	G	5	模拟与智能电能表通信	通信成功，返回正确报文	P_M（k）

如表 8-1 所示，该仿真任务需考察包括正常状态在内的 7 个测试任务。仿真过程可以按顺序依次进行，但是不能模拟事件出现的随机性，缺乏真实度。单纯重复性测试数据也具有一定局限性。为使仿真过程接近智能电能表的实际运行状态，将 A~G 底层状态设定了蒙特卡洛过程优先级，用以生成随机分布序列。

8.1.4 蒙特卡洛模拟仿真步骤

使用表 8-1 中 A~G 状态的优先级构造优先级正态分布数列。

按顺序取最大值所代表的状态为下一次状态迁移目标，算法流程图如图 8-1 所示。

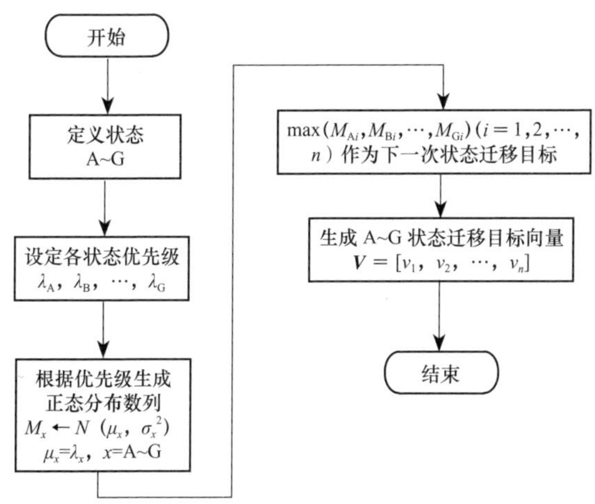

图 8-1　状态迁移目标向量算法流程图

根据表 8-1 设定各状态优先级为 λ_A=4，λ_B=3.8，λ_C=2，λ_D=3，λ_E=2.3，λ_F=2.5，λ_G=5；分布数列为 $M_A \leftarrow N(4, 2)$，$M_B \leftarrow N(3.8, 2)$，$M_C \leftarrow N(2, 2)$，$M_D \leftarrow N(3, 2)$，$M_E \leftarrow N(2.3, 2)$，$M_F \leftarrow N(2.5, 2)$，$M_G \leftarrow N(5, 2)$。由图 8-1 算法可生成 A~G 状态优先级随机数列分布，如表 8-2 所示。

表 8-2　　A~G 状态优先级随机分布数列

序号	M_A	M_B	M_C	M_D	M_E	M_F	M_G
1	2.287	4.328	1.617	4.821	4.412	6.962	5.216
2	5.360	2.586	0.502	–1.318	8.593	0.938	5.146
3	6.273	3.375	3.781	4.195	5.000	6.671	4.783
4	3.404	4.855	2.903	–0.357	2.461	2.704	5.274
5	3.004	7.224	5.970	2.563	1.266	4.709	5.185
6	4.489	2.698	0.927	0.374	4.917	6.129	5.368

续表

序号	M_{A}	M_{B}	M_{C}	M_{D}	M_{E}	M_{F}	M_{G}
7	4.748	2.093	0.946	7.508	4.345	3.455	6.681
…	…	…	…	…	…	…	…
200	5.107	8.002	3.604	2.110	1.032	3.083	5.964

依据表 8–2 的数据，找到每行中最大数值所表示的状态编号，将 max（M_{A_i}，M_{B_i}，…，M_{G_i}）（i=1，2，…，n）作为状态迁移目标向量，形成 200 次 A~G 状态迁移目标向量 $\boldsymbol{\omega}$：

FEFGBFDFABDEDFGFCDAGGFAAGGEBBEGBGGBGGAGABGBGGAGBGBAGAGBBABBGAAAAFAGEABDGBEAFAGABDEBGBGDFGAGABAAGCBGGDABAFDBGAGACGAFAGBCFABFEGAGADAACGACBADGAABAADCBGGBGDAABBGABEDACCDCCGBGGBABGGAGEBFAGDEGBAGBGCEGGBDBAB。

如图 8–2 所示为前 20 次马尔科夫状态迁移图，图中圆圈内 A~G 表示状态 A 至状态 G，连线中央数字表示第 k 次状态转移步骤。

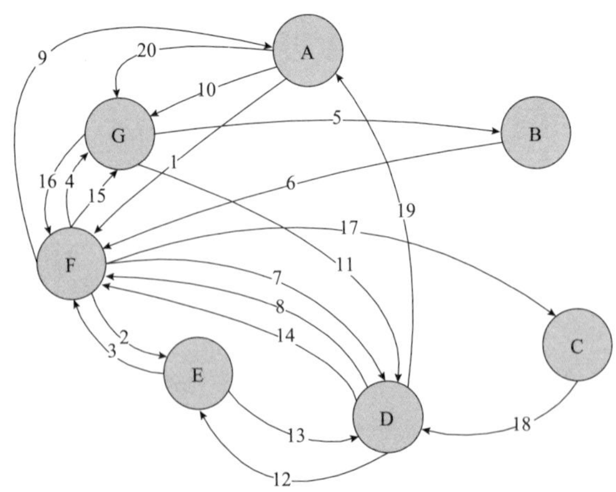

图 8–2　前 20 次马尔科夫状态迁移图

将状态迁移目标向量 $\boldsymbol{\omega}$ 输入测试系统，展开 200 次蒙特卡洛模拟仿真测试。

8.1.5 仿真分析

对两款不同生产厂家的精度为 2 级的单向远程费控智能电能表软件进行仿真，按状态转移向量 $\boldsymbol{\omega}$ 执行状态转移步骤，各状态出现的频数为 A：48；B：41；C：12；D：17；E：12；F：16；G：54。蒙特卡洛仿真状态分布统计图如图 8-3 所示，状态出现的频数由少到多依次为 CEFDBAG，与设定的优先级基本符合。

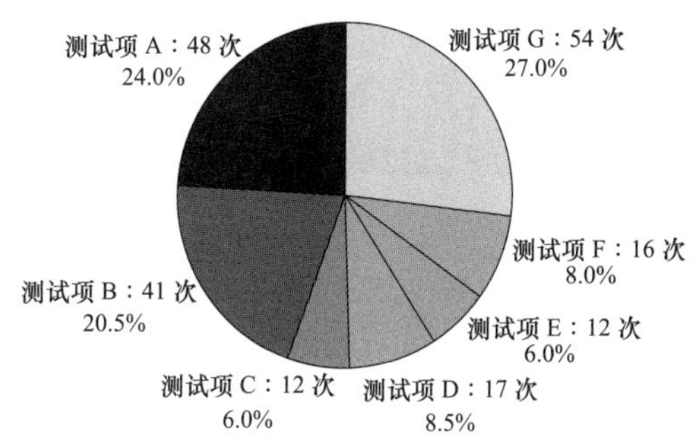

图 8-3　蒙特卡洛仿真状态分布统计图

在表 8-1 测试任务需求说明报表中，测试项 B、C、D、E、F 和 G 需考察可用度 $P_M(k)$。测试过程中发现：

在 B、C、F 和 G 测试项中，两款软件在特定条件下均能顺利完成既定测试要求，任务可用度 $P_M(k)=1$，平均无故障率 $\eta=100\%$。

在测试项 D 中，电能表 1 的可用度 $P_D(k)$（$k=1, 2, \cdots, 17$）均为 1，平均无故障率 $\eta=17/17=100\%$，能够按测试要求完成特定功能；电能表 2 的可用度 $P_D(k)$（$k=1, 2, \cdots, 17$）均为 0，平均无故障率 $\eta=0/17=0\%$，无法按测试要求完成特定功能。

在测试项 E 中，电能表 1 的可用度 $P_E(k)$（$k=1, 2, \cdots, 12$）均为 0，平均无故障率 $\eta=0/12=0\%$，无法按测试要求完成特定功能；电能表 2 的可用度 $P_E(k)$（$k=1, 2, \cdots, 12$）均为 1，平均无故障率 $\eta=12/12=100\%$，能够按测试要求完成特定功能。

在表 8-1 测试任务需求说明报表中，测试项 B 和测试项 C 需考察任务执行时间 $T_M(k)$，测试数据如图 8-4 和图 8-5 所示。

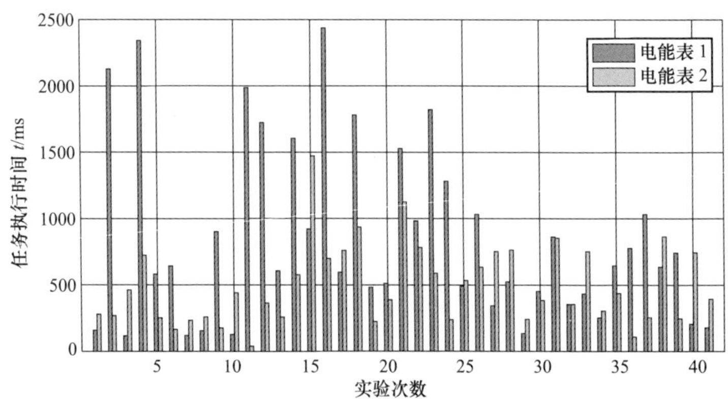

图 8-4　测试项 B：MCU 失源（掉电）实验 $T_M(k)$ 数据

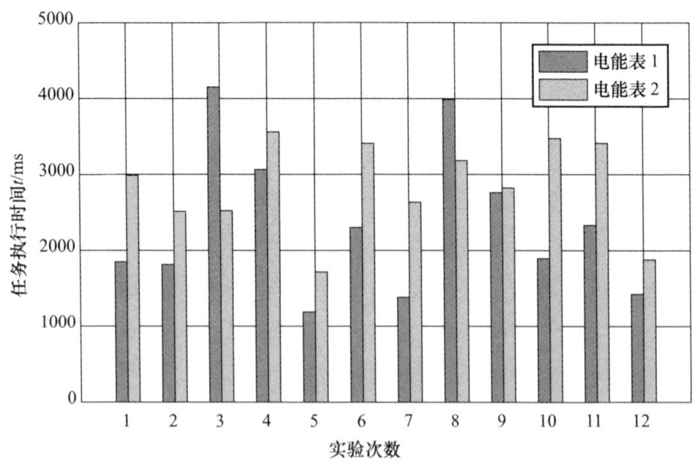

图 8-5　测试项 C：校表参数寄存器短期失效实验 $T_M(k)$ 数据

图 8-4 为 B 状态 -MCU 失源（掉电）测试项数据，黑色条形部分是电能表 1 执行该任务所消耗的时间，灰色条形是电能表 2 执行该任务所消耗的时间。在 41 次触发该状态的实验中，电能表 1 的软件执行该任务平均消耗的时间为 824.6ms，电能表 2 平均消耗

的时间为 479.3ms。

图 8–5 为 C 状态——校表参数寄存器短期失效测试项数据，黑色条形是电能表 1 执行该任务所消耗的时间，灰色条形是电能表 2 执行该任务所消耗的时间。在 12 次触发该状态的实验中，电能表 1 的软件执行该任务平均消耗的时间为 2345ms，电能表 2 平均消耗的时间为 2843ms。将以上测试数据经整理形成测试结果统计表，如表 8–3 所示。

表 8–3　　　　　　　　测试结果统计表

电能表	指标	状态（测试项）						
		A	B	C	D	E	F	G
1	η	—	41/41	12/12	17/17	0/12	16/16	54/54
	t 均值	—	824.6	2345	—	—	—	—
	t 方差	—	687.9	977.6	—	—	—	—
2	η	—	41/41	12/12	0/17	12/12	16/16	54/54
	t 均值	—	479.3	2843	—	—	—	—
	t 方差	—	294.4	614.6	—	—	—	—

通过表 8–3 可以得出以下结论：

测试项 B 中，电能表 1 执行该功能的平均耗时大于电能表 2，耗时的离散程度（方差）也大于电能表 2。

测试项 C 中，电能表 1 执行该功能平均耗时略小于电能表 2，耗时的离散程度略大于电能表 2。

测试项 D 中，电能表 1 具备该项软件可靠性防护功能，电能表 2 不具备该软件可靠性防护功能。

测试项目 E 中，电能表 1 不具备该项软件可靠性防护功能，电能表 2 具备该项软件可靠性防护功能。

测试项 F、G 中，两款电能表软件均能安全可靠地执行该项任务。

通过查阅两款电能表设计手册和源代码分析，在 D 测试项要求中，电能表 2 软件无此类软件可靠性防护措施；在 E 测试项要求中，电能表 1 软件无此类软件可靠性防护措施。

根据测试结论，对比测试任务需求说明报表，电能表 1 在设计 B 项功能时尚有效率提升空间，且应新加入 E 项可靠性防护功能；

电能表 2 应加入 D 项可靠性防护功能。

结论：

（1）智能电能表软件程序的可靠性和健壮性对智能电能表安全稳定运行具有重要影响，应关注软件程序的品质和质量。

（2）基于灰盒动态测试的蒙特卡洛方法能够依据状态触发概率展开随机测试，一定程度上模拟智能电能表的真实运行状态，并获得测试数据。开发人员可依据测试报告对软件程序进行优化。

（3）本节方法能够实现在特定功能要求下横向分析智能电能表软件可靠性质量，当测试项不断丰富后，观察效果会更加明显，后期引入相应评价体系，也可实现更具多元化和丰富的评价形式。

8.2 基于云模型的测试用例自动生成

8.2.1 云模型理论概述

云模型是处理定性与定量描述的不确定性转换的数学模型，已在数据挖掘、智能计算、自然语言处理等方面有广泛的应用。云模型是由云滴构成的，把云滴组合成云的过程称为云的发生。云模型的定义如下：

设 X 是一个普通集合，$X=\{x\}$，称为论域。关于论域 X 中的模糊集合 $\tilde{A}$，是指对于任意元素 x，都存在一个有稳定倾向的随机数 $\mu_{\tilde{A}}(x)$，称为 x 对于 $\tilde{A}$ 的隶属度。如果论域中的元素是简单有序的，则 X 可以看作是基础变量，隶属度在 X 上的分布称为隶属云；如果论域中的元素不是简单有序的，根据某个法则 f，可将 X 映射到另一个有序的论域 X' 上，则 X' 中有且只有一个 x' 和 x 对应，X' 为基础变量，隶属度在 X' 上的分布称为隶属云。

云模型包含 3 个数字特征和两个云发生器，3 个数字特征分别是期望 Ex、熵 En 和超熵 He；两个云发生器分别是正向云发生器（forward cloud generator）和逆向云发生器（backward cloud generator）。具体含义描述如下：

期望 Ex：云模型中每个云滴在论域空间分布的期望，它是最能代表定性概念的点。

熵 En：云模型中定性概念的随机性度量，反映了云模型中云滴的离散程度；“熵”最初是热力学的一个状态参量，也被应用于统计物理学、信息论、复杂系统等，用以度量不确定度。在云模型中，熵代表定性概念的可信度量，熵越大，可理解为云滴在论域取值范围越离散。

超熵 He：熵的不确定性度量，是熵的熵，它的取值可以描述熵的随机性和模糊性。超熵反映了云滴的凝聚程度，超熵越大，云滴的离散程度越大，云层的厚度越厚。

云模型 3 个数字特征示意图如图 8-6 所示。

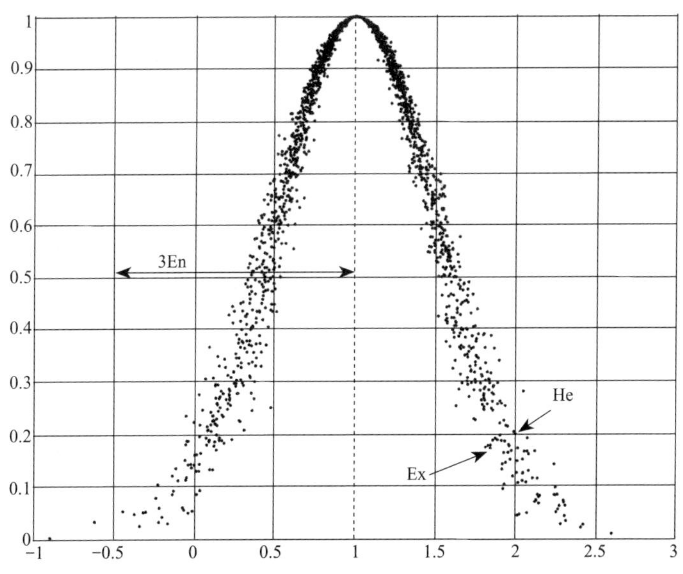

图 8-6　云模型的 3 个数字特征示意图

正向云发生器：从定性概念到定量表述的映射，输入参数是云的 3 个数字特征（Ex，En，He），输出结果是云滴序列。每个云滴是这个不确定性概念的一次具体实现。*N* 个云滴的云模型生成算法如下：

步骤 1：确定云模型的 3 个数字特征（Ex，En，He）和要生成的云滴数 N。

步骤 2：产生一个期望值为 Ex、方差为 En 的正态随机数 x_i。

步骤 3：产生一个期望值为 En、方差为 He 的正态随机数 En′。

步骤 4：计算$y_i=\exp\left[-\dfrac{(x_i-\mathrm{Ex})^2}{2(\mathrm{Ex}')^2}\right]$。

步骤 5：令（x_i，y_i）为一个云滴，它的含义是不确定性概念的一次具体实现，其中 x_i 值为定性概念在论域中的一次数值，y_i 为对于这个概念的一次隶属程度。

步骤 6：重复步骤 2~ 步骤 4，直至产生满足要求的 N 个云滴。

逆向云发生器：实现从定量值到定性概念的转换，输入参数是 N 个云滴值（x_i，y_i），输出结果是描述定性概念的云数字特征（Ex，En，He）。

一维逆向云发生器的算法如下：

步骤 1：计算 N 个 x_i 数据的样本均值$\bar{X}=\dfrac{1}{n}\sum_{i=1}^{n}x_i$；一阶样本绝对中心矩$\beta=\dfrac{1}{n}\sum_{i=1}^{n}\left|x_i-\bar{X}\right|$；样本方差$S^2=\dfrac{1}{n-1}\sum_{i=1}^{n}(x_i-\bar{X})^2$。

步骤 2：计算期望$\mathrm{Ex}=\bar{X}$。

步骤 3：计算熵$\mathrm{En}=\sqrt{\dfrac{\pi}{2}}\times\beta$。

步骤 4：计算超熵$\mathrm{He}=\sqrt{S^2-\mathrm{En}^2}$。

一维正向云发生器和一维逆向云发生器示意图如图 8-7 所示。

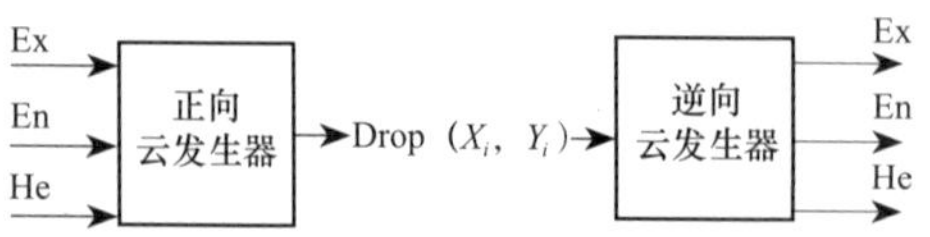

图 8-7　正向云发生器和逆向云发生器示意图

8.2.2　采用正向云发生器生成测试序列

对于电能表软件测试来说，采用纯随机的方法生成分布序列，可以使状态出现概率符合期望要求，但是生成过程是纯随机的，略显生硬。而使用正向云发生器来生成发生序列，能够在一定程度上来拟合 N 种状态下发生的确定度，其随机出现的过程相对来说能更有一定说服力。

在试验之前，同样需要编制测试任务需求说明报表，如表 8–4 所示。

表 8–4　　测试任务需求说明报表

模块	状态	优先级	动作	要求	考察指标
所有	A	4	正常状态	无	无
电源	B	3.8	MCU 失源（掉电）	保存电能数据；考察程序执行时间	P_M（k） T_M（k）
计量	C	2	校表参数寄存器短期失效	软件能自动恢复参数；考察恢复时间	P_M（k） T_M（k）
	D	3	计量芯片发生写操作	写数据后，写保护功能应打开	P_M（k）
	E	2.3	电压数据寄存器内数据异常	通信方式读取电压值时需显示为正常范围内电压值	P_M（k）
外围	F	2.5	开表盖键被触发	事件应被记录	P_M（k）
通信	G	5	模拟与电能表通信	通信成功，返回正确报文	P_M（k）

构造测试任务需求说明报表后，需要设置每个状态的不确定度，即期望、熵和超熵来组件云模型。表 8–5 所示为 7 个测试状态的不确定度参数表。

表 8–5　　不确定度参数表

状态	Ex（优先）	En	He	云滴
A	5	2	1	500
B	4	2	1	500
C	2	2	1	500
D	3	2	1	500
E	4	2	1	500
F	5	2	1	500
G	5	2	1	500

将表 8–5 的参数输入正向云发生器，每种状态生成 500 个云滴，构建 7 个状态的混合云模型图，如图 8–8 所示。图 8–8 中，状态 A~B 为 7 个测试状态，x 为期望，$\mu(x)$ 是云滴的确定度。

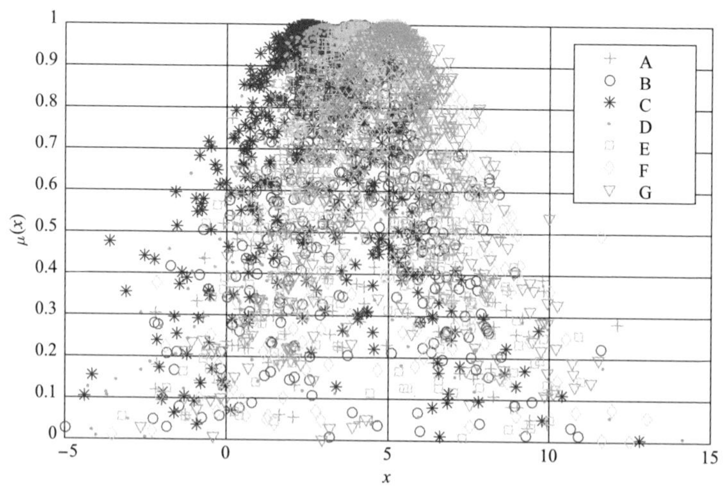

图 8–8　7 个测试状态的云模型图

将 7 个状态中的云滴确定度设置为概率转移矩阵，如表 8–6 所示。在每一次出现的云滴中，选择确定度最大的云滴，这是因为这个云滴最能代表其状态。这样做的好处是能够保障每个状态出现机会均等，可增强测试的充分性。例如，在表 8–6 中第一行出现 A~G 状态的确定度分别是 0.974，0.995，0.775，0.384，0.998，0.449，0.892，其中，状态 E 的确定度是 0.998，因此 E 出现的可能性最大，所以此时触发测试任务 E。

表 8–6　　概率转移矩阵

ω	A	B	C	D	E	F	G	max
1	0.974	0.995	0.775	0.384	0.998	0.449	0.892	E
2	0.905	0.876	0.681	0.929	0.707	0.703	0.972	G
3	0.927	0.998	0.998	0.957	0.544	0.807	0.952	B
4	0.947	0.650	0.386	0.345	0.053	0.623	0.164	A
5	0.632	0.759	0.878	0.197	0.731	0.991	0.987	F
6	0.507	0.913	0.961	0.885	0.954	0.028	0.906	C
7	0.343	0.512	0.803	0.993	0.990	0.941	0.783	D
8	0.999	0.982	0.222	0.618	0.989	0.909	0.997	A
9	0.338	0.547	0.632	0.637	0.609	0.589	0.619	D
10	0.974	0.776	0.154	0.882	0.493	0.985	0.925	F
11	0.807	0.481	0.965	0.184	0.800	0.508	0.977	G
12	0.213	0.847	0.951	0.202	0.694	0.909	0.795	C
13	0.647	0.836	0.560	0.485	0.699	0.312	0.599	B
14	0.958	0.934	0.858	0.892	0.878	0.307	0.900	A
15	0.781	0.903	0.986	0.376	0.952	0.905	0.983	C
16	0.959	0.397	0.292	0.557	0.751	0.983	0.743	E
17	0.345	0.099	0.976	0.253	0.686	0.990	0.998	G
18	0.996	0.939	0.365	0.991	0.802	0.272	0.454	A
19	0.874	0.975	0.986	0.271	0.806	0.960	0.717	C
20	0.388	0.933	0.862	0.514	0.908	0.742	0.298	B

8.3 基于复杂网络的非易失性存储器读写行为分析

8.3.1 复杂网络理论概述

复杂网络（complex network）是研究多个主体相互关系的有效数学工具，钱学森曾给出一个比较客观的定义：具有自组织、自相似、吸引子、小世界、无标度中部分或全部性质的网络称为复杂网络。复杂网络是基于图论的数学模型，复杂网络的基本概念和常见属性如下：

（1）图：在实际生产生活中，为了反映事物之间的客观联系，常常用点和线画出各式各样的示意图。一个图是由点集 $V=\{v_i\}$ 及 V 中元素无序对的一个集合 $E=\{e_k\}$ 所构成的二元组，记为 $G=\{V, E\}$，V 中的元素 v_i 称为节点，E 中的元素 e_k 称为边。当 V、E 为有限集合时，G 称为有限图，否则称为无限图。图 8-9 所示为一个具有 5 个节点的图。

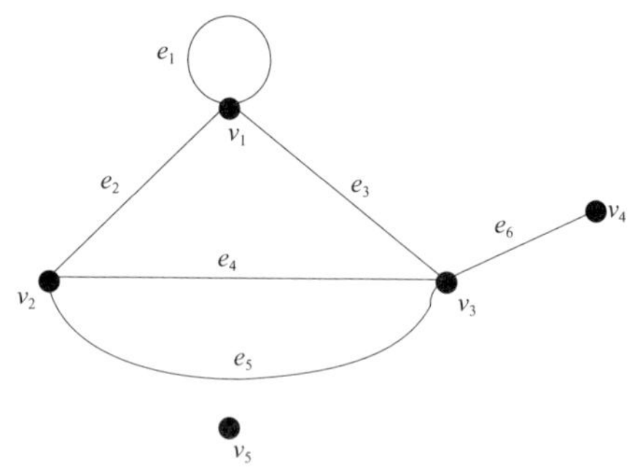

图 8-9 具有 5 个节点的图

（2）有向图与无向图：在图 G 中，如果边的（v_i, v_j）的端点无序，则它是无向边，此时图 G 称为无向图；如果边（v_i, v_j）的端点有序，则它是一条从 v_i 到 v_j 的有向边，此时图 G 称为有向图。

（3）节点的度：以点 v 为端点的边数称为点 v 的度（degree），记为 deg（v），可简记为 d（v）。在任何图中，节点的度的总和等于边数的 2 倍。在有向图中，以 v_i 为起点的边数称为点 v_i 的出度，用 d^+（v_i）表示；以 v_i 为终点的边数称为点 v_i 的入度，用 d^-（v_i）

表示。出度与入度之和称为这个点的度。

（4）邻接矩阵：邻接矩阵（adjacency matrix）是用于表示图中顶点之间关系的矩阵。对于图 $G=(V, E)$，可用矩阵 $\boldsymbol{A}=(a_{ij})_{n\times n}$ 表示顶点互联和边权重的关系。

如图 8–10（a）所示为非赋权图，邻接矩阵为

$$\boldsymbol{A}=\begin{bmatrix} 0 & 1 & 1 \\ 0 & 0 & 0 \\ 0 & 1 & 0 \end{bmatrix}$$

如图 8–10（b）所示为赋权图，邻接矩阵为

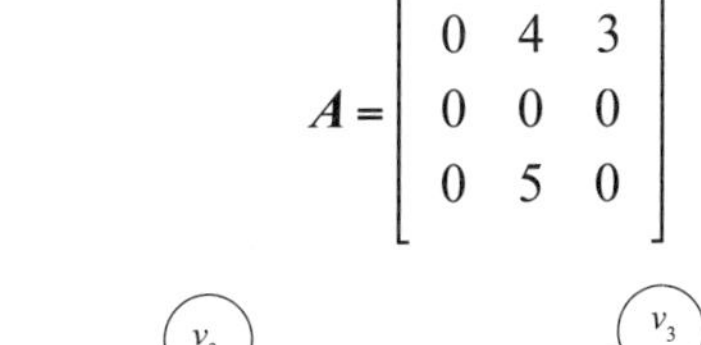

$$\boldsymbol{A}=\begin{bmatrix} 0 & 4 & 3 \\ 0 & 0 & 0 \\ 0 & 5 & 0 \end{bmatrix}$$

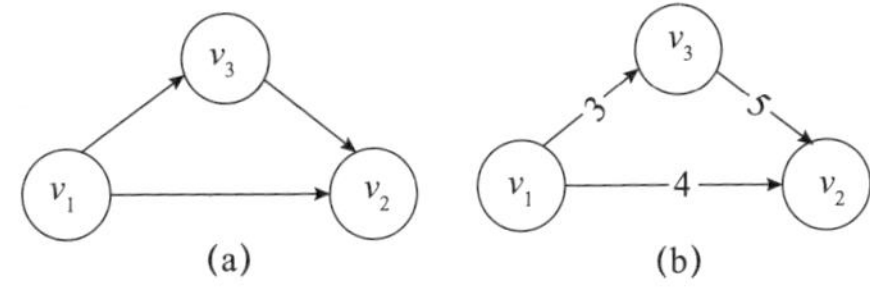

图 8–10　3 个节点的图

8.3.2　基于复杂网络理论的非易失性存储器读写行为分析

非易失性存储器是智能电能表重要的存储单元，一般由 EEPROM 或 Flash 构成。虽然 SRTS 软件可靠性测试平台能够监控 EEPROM 的读写记录，但是在监控记录中还不能从整体角度来分析电能表软件程序对 EEPROM 的读写行为分析。应用复杂网络理论可以将 EEPROM 中每个数据单元视为一个图的节点，将软件对 EEPROM 的读写操作用网络图表示出来，更加直观、清晰地观察软件程序的运行情况。

以统计 EEPROM 写入行为分析为例，分析方法如下：

（1）按时间顺序统计 EEPROM 的写入地址数 M 及写入次数 N，将每个地址编号作为复杂网络的节点编号。

（2）根据写入顺序构造复杂网络的边，在每一条边中，上一

次写入的节点作为边的起始点，本次写入的节点作为边的终点。

（3）构造图的邻接矩阵 $\boldsymbol{A}_{m\times m}$，其中两个节点的重复次数就是这个边的权重。

（4）绘制复杂网络图。

8.3.3 仿真分析

选取某款 2 级单相费控智能电能表进行试验，模拟工况为高电压大电流情况下，智能电能表继电器失效。通过 EEPROM 写入记录，观察智能电能表软件的运行状态。

（1）统计在该试验条件下，EEPROM 写入的地址及次数，并将每个地址编号作为复杂网络的节点编号。经计算，一共发生了 1502 次写入行为，共涉及 112 个地址。

（2）在复杂网络模型中，一共有 112 个节点和 1501 个边（第一次写入的节点不计算边）。

（3）构造图的邻接矩阵 $\boldsymbol{A}_{112\times 112}$，并画出这 112 个节点的复杂网络关系图，如图 8-11 所示。

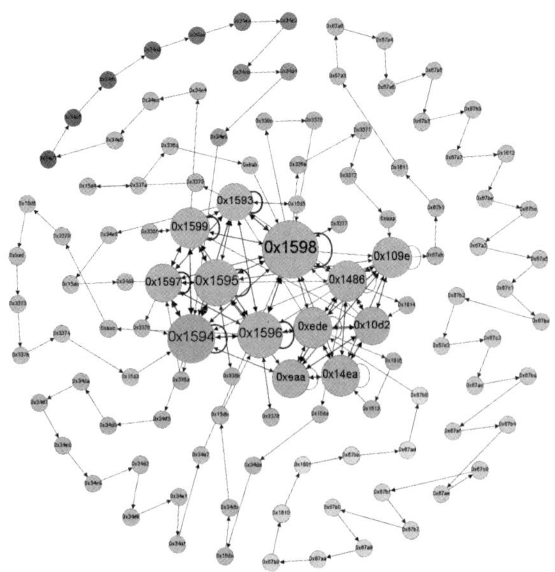

图 8-11　112 个 EEPROM 地址的复杂网络模型

在图 8-11 中，复杂网络图的布局使用力引导布局（force-directed layout），目的是减少布局中边的交叉，尽量保持边长一直。此方法借用弹簧模型模拟布局过程：用弹簧模拟两个点之间的关系，受到弹力的作用后，整体布局可以将过近的点弹开，将过远的点拉近，从而保持整个布局的稳定性。

（4）将图 8-11 中的地址数据所表示的含义标注出来，数据含义如表 8-7 所示，标注后的 EEPROM 写入复杂网络示意图如图 8-12 所示。

表 8-7　　EEPROM 内地址数据含义

数据名称	起始地址	数据长度	数据类型
电量保存	0X0CC0	396	.hex
历史跳闸记录总次数	0x15D3	4	.hex
负荷开关误动作总次数	0x15DB	4	.hex
过电流事件总次数	0x160F	4	.hex
过电流事件总时间	0x1613	4	.hex
历史跳闸记录	0x336A	180	.hex
负荷开关误动作事件	0x34D2	280	.hex
过电流事件记录	0x67A2	340	.hex

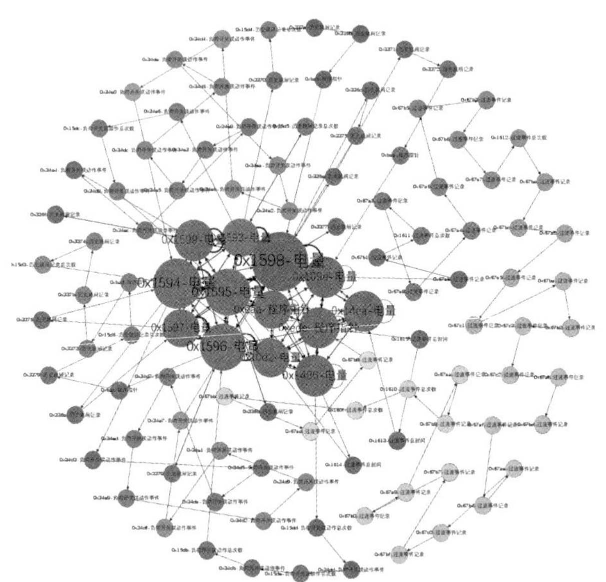

图 8-12　标注后的 EEPROM 写入复杂网络示意图

如图 8-12 所示，圆圈是代表每个 EEPROM 地址，圆圈较大的是入度比较高的地址，也就是写入次数相对较多的地址。通过分析该图，可以得出如下结论：

（1）当前继电器处于合闸状态，状态与继电器命令状态不符，智能电能表记录负荷开关误动作事件；智能电能表尝试发送跳闸命令，产生跳闸记录。

（2）当前智能电能表内电流大于门限电流值，智能电能表多次记录过电流事件。

（3）智能电能表将该时刻的电能进行计量，智能电能表写入 EEPROM 电量保存区最频繁。

参考文献

[1] 杜庆峰 . 高级软件测试技术 [M]. 北京：清华大学出版社，2011.

[2] 中华人民共和国国家质量监督检验检疫总局，中国国家标准化管理委员会 . 嵌入式软件质量度量: GB/T 30961—2014[S]. 北京: 中国标准出版社，2014：12.

[3] 刘振亚 . 智能电网技术 [M]. 北京：中国电力出版社，2016.

[4] 钱晓耀，胡献华，洪涛 . 电能表检测与软件测试技术 [M]. 北京：中国质检出版社，2014.

[5] 孙鹏 . 电力营销有问必答丛书 智能电能表 [M]. 北京：中国电力出版社，2012.

[6] 中华人民共和国国家质量监督检验检疫总局 . 计量器具软件测评指南技术规范：JJF 1182—2007[S]. 北京：中国计量出版社，2007：11.

[7] 国家电网公司 . 智能电能表软件可靠性技术规范：Q/GDW 11680—2017[S]. 2018：1.

[8] YANG Z，CHEN Y X，LI Y F，et al. Smart electricity meter reliability prediction based on accelerated degradation testing and modeling[J]. International journal of electrical power & energy systems，2013，56（3）：209 - 219.

[9] 张蓬鹤，肖成东，薛阳，等 . 基于 MATLAB/SIMULINK 的智能电表寿命预测仿真模型 [J]. 电测与仪表，2014，51（23）：11-17.

[10] 宋锡强，汪萍萍，周韶园 . 智能电能表软件测试技术概述 [J]. 电测与仪表，2014，51（11）：18-22.

[11] BLAY-PALMER A，LANDMAN K. Electrical energy metering：some challenges of the European directive on measuring

instruments（MID）[J]. Measurement，2013，46（9）：3347–3354.

[12] IMAI H. Expanding needs for metrological traceability and measurement uncertainty[J]. Measurement，2013，46（8）：2942–2945.

[13] KUKOLJ S，MARINKOVIC V，POPOVIC M，et al. Selection and prioritization of test cases by combining white–box and black–box testing methods[C]// Eastern european regional conference on the engineering of computer based systems，IEEE computer society，2013：153–156.

[14] 赵山，黄友朋，宋锡强，等 . 智能电能表软件可信保障技术白盒静态测试模型与编码规范探索 [C]// 第六届电磁电测与仪表学术发展方向主题研讨会，2015：221–225.

[15] 李力，李志平，王亮，等 . 稳定控制装置中策略搜索匹配状态机模型 [J]. 电力系统自动化，2012，36（17）：86–89.

[16] 徐敬友，陈冲，罗纯坚，等 . 基于改进复杂网络模型的电网关键环节辨识 [J]. 电力系统自动化，2016，40（10）：53–61.

[17] BASHIR R S，LEE S P，KHAN S U R，et al. UML models consistency management：guidelines for software quality manager[J]. International journal of information management，2016，36（6）：883–899.

[18] 李世新，周步祥，周海忠，等 . 基于 MCMC 方法的二次系统风险评估研究 [J]. 电测与仪表，2016，53（15）：7–12.

[19] GAROUSI V，MÄNTYLÄ M V. A systematic literature review of literature reviews in software testing[J]. Information & software technology，2016，80：195–216.

[20] ZHI J，GAROUSI–YUSIFOĞLU V，SUN B，et al. Cost，benefits and quality of software development documentation：a systematic mapping[J]. Journal of systems & software，2015，99：175–198.

[21] 张柏林，王艳梅，邵峰 . 一种用于电能表 EMC 测试的数据无线传输系统的实现 [J]. 中国计量，2017（5）：96–97.

[22] 袁瑞铭，巨汉基，汪萍萍，等 . 基于黑盒测试技术的智能电能表软件测试方法研究 [J]. 电测与仪表，2018，55（22）：135-139.

[23] 许向东，胡赫 . 用电信息采集系统应用现状及发展趋势 [J]. 科技经济导刊，2018（2）：20.

[24] 王耀辉，金海燕，朱莉 . 基于用户隐私保护的智能电能表设计 [J]. 黑龙江科技信息，2014（7）：73-75.

[25] PROWELL S J，TRAMMELL C J，LINGER R C，et al.Cleanroom software engineering：technology and process[M]. USA：Addison-Wesley，1999：58-99.

[26] 朱少民 . 软件测试方法和技术 [M]. 北京：清华大学出版社，2014：102-138.

[27] 吕英杰，徐文静，刘鹰，等 . 基于密码技术的智能电能表软件备案与比对系统设计 [J]. 电网技术，2016，40（11）：3604-3608.

[28] 吴伟乾，柴小丽，尹家伟，等 . 一种基于 FPGA 的信号采集卡 [J]. 电子设计工程，2018，26（23）：103-107.

[29] 刘菊 . 智能电能表软件测试方法技术 [J]. 电子技术与软件工程，2018（13）：35.

[30] 苏盛，李志强，谷科，等 . 基于云安全的高级计量体系恶意软件检测方法 [J]. 电力系统自动化，2017，41（5）：134-138，152.

[31] 刘文辉 . 软件系统中类的重要性排序方法研究 [D]. 大连：大连海事大学，2017.

[32] MUSA J D. Operational profiles in software-reliability engineering[J]. IEEE software，1993，10（2）：14-32.

[33] 余建星，任杰，杨政龙，等 . 基于动态故障树法的深海采油树系统定量风险评估 [J]. 中国海洋平台，2019，34（1）：72-78.

[34] 郑晓雨，郑静媛，王彦博 . 智能电网中实时负荷模型建立

研究 [J]. 电力与能源，2015，36（1）：42-45.

[35] 赵宁 . 基于隶属云的车载传感网移动模型研究 [D]. 西安：长安大学，2016.

[36] LEUNG Y W. Software reliability allocation under an uncertain operational profile[J]. Journal of the operational research society，1997，48（4）：401-411.

[37] YACOUB S M，Ammar H H. A methodology for architecture-level reliability risk analysis[J]. IEEE transactions on software engineering，2002，28（6）：529-547.

[38] 庞富宽，汪洋，袁瑞铭，等 . 基于 R46 标准的智能电能表软件检测关键技术研究 [J]. 电测与仪表，2018，55（19）：130-134.

[39] 李莉，刘翠杰，王政，等 . 动态故障树的边值多值决策图分析 [J]. 计算机系统应用，2018，27（12）：123-128.

[40] 张文佳 . 网络化软件异常源点定位及可信性研究 [D]. 株洲：湖南工业大学，2016.

[41] 牛春霞，唐广通，孔伟忠 . 智能载波电能表通信能力测试装置的研究 [J]. 河北电力技术，2018，37（3）：29-31.

[42] 周林 . 直流充电桩测试系统设计与开发 [D]. 成都：西南交通大学，2018.

[43] 马强建 . 基于 FPGA 的城轨列车运行参数采集系统的硬件设计 [J]. 电工技术，2019，490（4）：87-90.

[44] 王彩辉 . 三相电能表校验装置控制机改造 [J]. 设备管理与维修，2016（10）：62-63.

[45] MILLS H D，DYER M，LINGER R C. Cleanroom software engineering[J]. IEEE software，1987，4（5）： 19-25.

[46] KELLER T，SCHNEIDEWIND N F. Successful application of software reliability engineering for the NASA Space Shuttle[C]// Proceedings the eighth international symposium on software reliability

engineering，1997，72–78.

[47] 郑蒙蒙 . 智能电能表软件黑盒测试技术研究 [D]. 北京：华北电力大学，2017.

[48] 杨笑 . 基于互联网的冷链数据采集管理软件设计 [D]. 上海：东华大学，2017.

[49] 陈燕国，林远造，陈永往 . 电力营销中智能电能表改造项目存在的问题及对策研究 [J]. 通信世界，2017（21）：181–182.

[50] 张东霞，姚良忠，马文媛 . 中外智能电网发展战略 [J]. 中国电机工程学报，2013，33（31）：1–15.

[51] 蔡开元 . 软件可靠性工程基础 [M]. 北京：清华大学出版社，1995：58.

[52] 严晶晶，王海巍，张卫欣，等 . 智能电能表软件可靠性测试研究 [J]. 电测与仪表，2017，54（7）：97–102.

[53] 张丽霞，高伟 . 基于智能电网动态频谱接入方式研究 [J]. 中国新通信，2016，18（5）：102–103.

[54] 刘沅昆 . 配用电系统高级量测体系与数据应用方法研究 [D]. 北京：华北电力大学，2017.

[55] 杨志晓，范艳峰 . 云映射和映射隶属云 [J]. 计算机应用研究，2012，29（2）：553–556.

[56] 胡月森 . 软件执行轨迹中相似路径挖掘算法研究 [D]. 秦皇岛：燕山大学，2016.

[57] 侯杏娜，陈寿宏，颜学龙 . 基于 SQLite 的边界扫描测试链路自动生成研究与实现 [J]. 现代电子技术，2018，41（8）：64–67，71.

[58] 纪静，侯兴哲，陈红芳，等 . 基于层次分析法的智能电能表软件质量评价 [J]. 电测与仪表，2015，52（8）：5–9.

[59] 陈逸芸 . 浅谈电力营销中智能电能表改造项目存在的问题及对策研究 [J]. 军民两用技术与产品，2016（24）：77.

[60] 方前程，商丽 . 基于博弈论 – 云模型的露天矿岩质边坡稳

定性分析 [J]. 安全与环境学报，2019，19（1）：8-13.

[61] 吴中 . 基于边界扫描技术的自适应测试算法及实现的研究 [D]. 镇江：江苏科技大学，2018.

[62] JOHN D.Operational profiles in software-reliability engineering[J]. IEEE software，1993，10（2）：14-32.

[63] ELFRIEDE D，JEFF R, JOHN P. 软件自动化测试：引入、管理与实施 [M]. 于秀山，胡兢玉，等译 . 北京：电子工业出版社，2003：100-123.

[64] 赵志强 .FPGA 芯片设计及其应用 [J]. 电子技术与软件工程，2018（21）：77.

[65] 赵玉丽，王莹，于海，等 . 基于复杂网络的类间集成测试序列生成方法 [J]. 东北大学学报（自然科学版），2015，36（12）：1696-1700.

[66] 吴立杰 . 基于动态故障树的煤矿设备故障研究 [J]. 机械管理开发，2019，34（1）：91-93.

[67] 刘阳 . 基于复杂网络的软件测试相似路径的研究 [D]. 秦皇岛：燕山大学，2016.

[68] 张永旺，朱孟，王学伟，等 . 畸变波形动态测试信号模型及电能表动态误差分析 [J]. 电测与仪表，2018，55（12）：92-99.

[69] 孙艳玲，孙晓斌，孙艳凤 . 加快推进智能电能表在电力营销管理中的应用 [J]. 科技资讯，2013（28）：138.

[70] 陈涛 . 嵌入式软件测试技术综述 [J]. 电子技术与软件工程，2017（20）：48.

[71] 李元诚，张攀，郑世强 . 基于经验模态分解与同态加密的用电数据隐私保护 [J/OL]. 电网技术 . 2019（5）：1810-1818. [2019-04-04]. https：//doi.org/10.13335/j.1000-3673.pst.2018.2202.

[72] 张东旭 . 基于 FPGA 的可数据采集且远程数据传输的光电测试系统设计 [D]. 长春：吉林大学，2018.

[73] 陈诚 . 智能电能表用户隐私保护系统研究 [D]. 南昌：华东

交通大学，2016.

[74] 李森 . 基于隶属云的变压器状态灰色模糊综合评估方法研究 [D]. 保定：河北农业大学，2018.

[75] 王阳 . 基于云服务的智能电能表嵌入式软件测试管理系统的设计与开发 [D]. 南京：东南大学，2017.

[76] 肖坚红，严小文，周永真，等 . 基于数据挖掘的计量装置在线监测与智能诊断系统的设计与实现 [J]. 电测与仪表，2014，51（14）：1–5.

[77] 杨胜利，李超，余亮 . 基于 FPGA 的嵌入式通信系统核心模块设计 [J]. 现代电子技术，2018，41（22）：88–91.

[78] 黄建文，袁华，周宜红，等 . 基于云模型的高拱坝混凝土温控措施效果评价 [J/OL]. 水力发电 . 2019，45（4）：65–69. [2019-04-03]. http：//kns.cnki.net/kcms/detail/11.1845.tv.20190219.1009.002.html.

[79] 代鸣扬，蔡志匡，陈冬明，等 . 基于 SerDes 系统芯片边界扫描测试设计与电路实现 [J]. 南京邮电大学学报（自然科学版），2018，38（1）：91–97.

[80] 韩圆勋，郑凡，钱晓耀，等 . 电能表温度影响系列试验自动测试系统设计 [J]. 自动化与仪表，2017，32（1）：24–29.

[81] 肖虎 . 矢量网络分析仪误差校准算法及系统软件的设计与实现 [D]. 成都：电子科技大学，2016.

[82] 高佳童 . 基于复杂网络的软件缺陷评估模型研究 [D]. 北京：北京理工大学，2016.

[83] 杨涛，冯兴乐，刁瑞朋，等 . 单相智能电能表可靠性预计方法研究与实践 [J]. 工业仪表与自动化装置，2018（2）：71–76.

[84] 石振刚，徐建云，张琳，等 . 基于智能电能表通信接口带载能力测试电路的设计与研究 [J]. 河北电力技术，2017，36（3）：14–16.

[85] 罗丽斯 . 电力营销工作现状与问题以及智能电能表在电价

管理方面的优势 [J]. 科技创新与应用，2017（5）：190.

[86] MUSA J D. Software reliability-engineered testing[J]. Computer，1996，29（11）：61-68.

[87] 邹玲，辛雄 . 智能电能表校表和误差分析 [J]. 湖北工业大学学报，2016，31（5）：53-56.

[88] 孟明，舒展 . 基于缺陷扣分法和三角模糊数层次分析法的智能电能表全生命周期质量评价 [J]. 电力系统保护与控制，2012，40（22）：88-93.

[89] 何恒靖，赵伟，黄松岭，等 . 云计算在电力用户用电信息采集系统中的应用研究 [J]. 电测与仪表，2016，53（1）：1-7.

[90] 姜万昌 . 基于关键节点和可疑度的软件故障定位方法研究 [D]. 秦皇岛：燕山大学，2017.

[91] 文绮 . 复杂电磁环境复杂度度量 [D]. 成都：电子科技大学，2016.

[92] 张玉 . 基于中间件技术的分布式测试技术研究 [D]. 成都：电子科技大学，2018.

[93] 杨洪旗，刘少卿，黄进永 . 智能电能表的可靠性预计方法研究 [J]. 电子产品可靠性与环境试验，2016，34（3）：65-71.

[94] 葛德明 . 实时嵌入式软件的测试技术 [J]. 电子测试，2018（10）：88-89.

[95] 梁丽萍 . 浅谈电能表修校管理的分析及其未来发展 [J]. 通信世界，2016（21）：133-134.

[96] 李涵，陶鹏，李翀，等 . 智能电能表时钟电池欠压分析及关键计量指标影响 [J]. 河北电力技术，2018，37（2）：22-25.

[97] 丘卉，陈巧巧 . 智能电能表软件测试技术分析 [J]. 电子元器件与信息技术，2017，1（2）：49-51.

[98] HAUSLER P A，LINGER R C，TRAMMELL L J.Adopting cleanroom software engineering with a phased approach[J]. IBM systems journal，1994，33（1）：89-109.

[99] 聂丛楠 . 多用户智能电能表研究与设计 [D]. 赣州：江西理工大学，2018.

[100] 李玮 . 软件自动化测试混合框架的研究与实现 [D]. 北京：北京交通大学，2007.

[101] 李伟华，尉怡青，刘涛，等 . 基于增强功能负控终端的电能表远程在线检测系统 [J]. 电测与仪表，2018，55（5）：104-109.

[102] 赵兵，翟峰，李涛永，等 . 适用于智能电能表双向互动系统的安全通信协议 [J]. 电力系统自动化，2016，40（17）：93-98.

[103] 王欣欣 . 智能电能表管理系统的设计与实现 [D]. 成都：电子科技大学，2017.

[104] 张瑜玲 . 采用开关电源供电的智能电能表设计 [D]. 哈尔滨：哈尔滨理工大学，2017.

[105] 李垚，朱才朝，宋朝省，等 . 风电机组液压系统动态故障树的可靠性建模与评估 [J]. 太阳能学报，2018，39（12）：3584-3593.

[106] 姜增晖 . 智能电能表校验仪的研究与设计 [D]. 重庆：重庆理工大学，2017.

[107] 刘东尧 . 智能电网技术 [C]//2010 年云南电力技术论坛论文集（文摘部分）. 昆明：云南省电机工程学会，2010，1-8.

[108] 孙丽娜，刘晓泽，吴晓光，等 . 智能电能表自动化检定流水线运行状态检测技术应用 [J]. 国外电子测量技术，2018，37（8）：77-81.

[109] 张建 . 基于模型驱动的自动化测试平台相关技术研究 [D]. 杭州：杭州电子科技大学，2017.